23

UNIVERSITÄT
HILDESHEIM

# Vom Zählstein zum Computer

## Mathematik in der Geschichte

Hans Wußing u.a.
## 1. Überblick und Biographien

Herausgeber: Projektgruppe „Geschichte der
Mathematik" (GdM) der Universität Hildesheim
Institut für Mathematik / Zentrum für
Fernstudium und Weiterbildung

**div**erlag
franzbecker

Die Deutsche Bibliothek – CIP-Einheitsaufnahme

**Vom Zählstein zum Computer:** Mathematik in der Geschichte / Universität Hildesheim.
Hrsg.: Projektgruppe „Geschichte der Mathematik" (GdM) der Universität Hildesheim:
Institut für Mathematik/Zentrum für Fernstudium und Weiterbildung. - Hildesheim:
Franzbecker
NE: Universität <Hildesheim>

Überblick und Biographien / Hans Wussing und andere. - 1997
ISBN 3-88120-275-7
NE: Wussing, Hans

Heinz-Wilhelm Alten: Vorwort.
Alireza Djafari Naini: Biographie al-Choreszmi, van der Waerden.
Hubert Mainzer: Historische Karten.
Hans Wußing: Ein intellektuelles Abenteuer, Fragen an die Geschichte der Mathematik,
Überblick über die Geschichte der Mathematik, Biographien

Herausgeber:
Projektgruppe „Geschichte der Mathematik" der Universität Hildesheim

Prof. Dr. H.-W. Alten, Institut für Mathematik (Projektleitung)
Dr. A. Djafari Naini, Zentrum für Fernstudium und Weiterbildung
H. Wesemüller-Kock, Zentrum für Fernstudium und Weiterbildung

Beratung: H. Mainzer, Institut für Geographie und Geschichte

Wissenschaftliche Begleitung:
Prof. Dr. M. Folkerts, München
Prof. Dr. C. J. Scriba, Hamburg
Dr. J. Sesiano, Lausanne
Prof. Dr. H. Wußing, Leipzig

Verwendete Fotografien:
Bildarchiv der Universität Leipzig.
Ausnahmen: Leibniz: Niedersächsische Landesbibliothek Hannover;
van der Waerden: Mit freundlicher Genehmigung des Birkhäuser Verlages, Basel,
entnommen aus:
Bartel L. van der Waerden: „Erwachende Wissenschaft" (2 Bde.)

# Vorwort

Weshalb soll man sich mit der Geschichte der Mathematik befassen, wo doch die Mathematik für viele Schüler ein gefürchtetes Fach ist und die meisten Menschen nur mit Schaudern an Unterricht und Prüfungen in Mathematik zurückdenken? Eine kurze Antwort lautet: Eben deshalb!

Eine ausführlichere Antwort auf diese Frage gibt der Mathematikhistoriker Hans Wußing im ersten Kapitel dieser Einführung: Die Beschäftigung mit der Geschichte der Mathematik ist ein intellektuelles Abenteuer, bei dem man mit Spannung erlebt, wie Mathematik entstanden ist, mit welcher Mühsal und welchen Irrwegen Menschen von ersten Anfängen in grauer Vorzeit in Jahrtausenden das großartige geistige Gebäude errichtet haben, dessen Inhalte und Methoden zur Grundlage und zum unentbehrlichen Instrumentarium für die Entwicklung jedweder Technik, für Naturwissenschaften und Medizin, Handel und Industrie geworden sind und in Gestalt des Computers praktisch alle Lebensbereiche erfaßt haben.

Dieses Gedankengebäude wird den Lernenden zumeist als fertiges, aber schwer verdauliches Produkt serviert. Wie spannend die Beschäftigung mit der Mathematik und ihrer Entstehung sein kann, wie innig ihre Genese mit der Entwicklung jeglicher Kultur verwoben ist – das bleibt den meisten verborgen. Viele Schüler hören davon nichts, denn auch ihre Lehrer haben seinerzeit wenig oder nichts davon erfahren, wird doch Geschichte der Mathematik in der Bundesrepublik nur an einigen Universitäten fakultativ angeboten und ist auch für künftige Mathematiklehrer kein obligatorisches Studien- oder gar Prüfungsfach – im Gegensatz zur ehemaligen DDR und der Schweiz.

Diesem Mangel abzuhelfen ist ein Ziel dieses Einführungsbandes. Aber er wendet sich nicht nur an Lehrer, Studierende der Mathematik und Schüler, sondern an alle, die sich dafür interessieren zu erfahren, woher die Ziffern und Zahlzeichen kommen, wie sich Menschen bemüht haben, die Inhalte von Kreisen und Weinfässern zu berechnen, die Erde zu vermessen und schließlich den Weltraum zu erforschen, die Atmosphäre mit computergesteuerten Satelliten zu bevölkern, die uns Fernsehprogramme und Telefongespräche vermitteln und Wettervorhersagen liefern.

Selbstverständlich gibt es viele ausführliche, wissenschaftlich fundierte Werke zur Geschichte der Mathematik, auch leicht lesbare Darstellungen von Teilgebieten oder Abschnitten der Mathematikhistorie in populärer Literatur. Dieser Band verfolgt eine besondere Absicht: er soll Auftakt sein für eine Reihe weiterer Bände (Hefte), in denen die Entwicklung der wichtigsten Teilgebiete der Mathematik, nämlich Algebra, Geometrie, Analysis und Zahlentheorie, von den ersten Anfängen bis in unsere Tage behandelt wird, eingebettet in die Kulturgeschichte der verschiedenen Epochen und Zonen unserer Erde und dargestellt in einer zum Selbststudium und als Material zum Fernstudium geeigneten Weise.

Dieser erste Band der Reihe soll Neugier wecken, anregen zu Fragen an die Geschichte, einen weitgespannten Überblick vermitteln und als Grundlage für das vertiefte Eindringen in einzelne Teilgebiete und Abschnitte der Mathematikhistorie dienen.

So zieht denn Hans Wußing mit großem Schwung den Bogen vom zaghaften Beginn mit Zahlen und Zahlzeichen in Gestalt von Kerben und Keilen bis zu der Strukturmathematik und den Vektor- und Parallelrechnern unserer Tage. In gedrängter Kürze berichtet er im Kapitel Überblick von den Rechenkünsten in Mesopotamien, im alten Ägypten, in China und in Indien, von den erstaunlichen Leistungen der Griechen vor über 2 000 Jahren, die als erste mathematische Begriffe durch Abstraktion gewannen, ihre Ergebnisse in Sätzen formulierten und diese mit Hilfe der von Aristoteles entwickelten Logik bewiesen und damit den Ausgangspunkt für die heutige Prägnanz und Beweiskraft mathematischer Aussagen lieferten. Die Bewahrung, Weiterentwicklung und Überlieferung dieses antiken Erbes durch die islamischen Gelehrten des Mittelalters bildet den Brückenschlag zur Renaissance und zum Zeitalter des Rationalismus in Europa, schließlich zur atemberaubenden Entwicklung und weltweiten Ausbreitung der Mathematik im 19. und 20. Jahrhundert.

In den Biographien des letzten Kapitels erlebt der Leser das geistige, politische und kulturelle Umfeld, die Erfolge und die Irrwege bei der Entstehung mathematischer Theorien und Erkenntnisse im Leben herausragender Mathematiker, von Pythagoras, Euklid und Archimedes über al–Chorezmi (al–Ḫwārizmī), Adam Ries, Leibniz und Newton, Euler und Gauß bis hin zu Georg Cantor und David Hilbert.

Zur Vertiefung und visuellen Ergänzung dieses Überblickes über die Geschichte der Mathematik und die Leistungen großer Mathematiker wird ein Videofilm hergestellt. Auch zu den weiteren Teilen dieser Reihe sind Videofilme als Begleitmaterial vorgesehen.

Mein herzlicher Dank gilt vor allem dem Autor der Texte dieser Einführung, Prof. Dr. Hans Wußing, Mitglied der Akademie der Wissenschaften zu Leipzig, und den Mitgliedern der Projektgruppe "Geschichte der Mathematik" vom Zentrum für Fernstudium und Weiterbildung (ZFW): dem Mathematikhistoriker Dr. Alireza Djafari Naini und dem Medienexperten Dipl. Soz. Heiko Wesemüller–Kock für die Einrichtung des Projektes mit den umfangreichen Vorarbeiten sowie für die intensive Zusammenarbeit bei der Planung und Strukturierung dieses Werkes und folgender Schriften und Videofilme. Für die Beratung bei geschichtlichen Details und die Ausarbeitung der historischen Karten danke ich dem Akad. Oberrat Hubert Mainzer vom Institut für Geographie und Geschichte, für die Mitwirkung bei der Filmproduktion der Medienpädagogin Anne Gottwald, für die Erstellung der Druckvorlagen den Studenten Wolfgang Husen und Hendrik Kurz.

Für die Unterstützung des gesamten Projektes gilt mein Dank insbesondere dem Geschaftsführer der ZFW, Dr. Erwin Wagner, dem Institut für Mathematik und der Leitung der Universität Hildesheim.

Für die Mitwirkung durch wissenschaftliche Begleitung und kritische Durchsicht der Texte danke ich Prof. Dr. Menso Folkerts, Universität München, Prof. Dr. Christoph J. Scriba, Universität Hamburg und Dr. Jaques Sesiano von der École Polytechnique Fédérale de Lausanne, für die zur Verfügung gestellten Fotos dem Bildarchiv der Universität Leipzig.

Der Universitätsgesellschaft der Universität Hildesheim danke ich herzlich für die großzügige Unterstützung durch einen Zuschuß zu den Druckkosten, dem Verlag Franzbecker für das Eingehen auf meine Wünsche und die gute Ausstattung dieses Bandes.

Mögen dieser Einführungsband und der Begleitfilm dazu anregen, tiefer in die Geschichte der Mathematik einzudringen und dadurch einen besseren Zugang zur modernen Mathematik und ihren Anwendungen zu gewinnen. Dann wäre ein wesentliches Ziel dieses Fernstudien- und Weiterbildungsprojektes erreicht.

Heinz–Wilhelm Alten, Januar 1997

# Inhaltsverzeichnis

## Tabellenverzeichnis

## Abbildungsverzeichnis

## Kartenverzeichnis

# 1. Ein intellektuelles Abenteuer

Die Hinwendung zur Geschichte der Mathematik kann zu einem intellektuellen Abenteuer der schönsten Art werden. Mathematik aller Schwierigkeitsgrade und all ihrer Teilgebiete tritt uns entgegen, eingebettet in die verschiedenartigsten Kulturen der Menschheit auf allen Kontinenten, verbunden mit den großen Strömungen des menschliches Denkens in Philosophie und Religion, in historischer Wechselwirkung stehend zu den Errungenschaften der Menschheit in Naturwissenschaft und Technik, als Teil der Geschichte der bildenden Kunst und der Literatur, zur Reflexion verleitend über Vergangenheit und Zukunft des Menschengeschlechtes.

Das Feld der Mathematikgeschichte ist groß. Wer will, wird Passendes finden, das ihm Befriedigung gewährt, natürlicherweise nur, wenn sich Interesse mit eigener geistiger Anstrengung verbindet. Die Verführung geht aus vom Detail einer von Neugierde getragenen speziellen Frage ebenso wie vom Prinzipiellen: Wer gab uns die heutigen Zahlzeichen $1, 2, 3, \ldots, 0$ in die Hand, die weltumspannend verstanden werden, über Sprach- und Kulturgrenzen hinausgreifend? Wird Mathematik entdeckt oder erfunden? Hätten Bewohner eines anderen Sternes dieselbe oder eine andere Mathematik entwickelt?

Fragen über Fragen drängen sich auf, zumal, wenn man den nicht selten mühevollen Weg der Aneignung der Mathematik durch die heranwachsende Generation betrachtet, einen Weg, der in äußerster Zeitraffung den jahrtausendelangen Entwicklungsprozeß der Mathematik auf wenige Jahre zusammendrängt. Bewußt oder unbewußt übernimmt das Kind jene Resultate menschlicher kreativer Tätigkeit aus vielen Jahrhunderten in vielen Kulturregionen der Erde: geläuterte Erfahrung, bewährtes Wissen, gesicherte Erkenntnis, unanfechtbare Wahrheit, unter Vermeidung historischer Umwege und Irrtümer. Und mag die Mathematik auf ihrem elementaren Niveau langweilig und nutzlos sogar dem Heranwachsenden erscheinen – wer hätte in seiner Schulzeit die Bruchrechnung nicht als geisttötend empfunden –, sie wird lebendig und anregend, wenn man sie auf ihrem historischen Hintergrund erblicken und verstehen lernt. Der altägyptische Schreiber war vor viertausend Jahren sehr

wohl imstande, Bruchrechnungen auszuführen, im Angesicht der Pyramiden,
im strengen Dienst der Pharaonen und Priester, seinerseits Herrscher über
Tausende von Bauern, die Abgaben zu leisten hatten. Und schon verschiebt
sich das Bild: Was ist ein Mathematiker heute? Offenbar besitzt er eine gänzlich andere soziale Funktion und Stellung als der altägyptische Schreiber, der
damals zu jener zahlenmäßig außerordentlich kleinen Gruppe von Menschen
gehörte, die Mathematik auszuüben imstande war.

Mathematikgeschichte gehört in die Schulstube, natürlich in angemessenem
Maße, nicht als Unterrichtsgegenstand, wohl aber als Mittel, Bildung zu ver-
breiten, Anregungen und Interesse zu vermitteln, historisches Verständnis zu
wecken, das Hineinwachsen des im Selbstfindungsprozeß stehenden Jugendlichen in eine menschliche Gemeinschaft aus Einsicht in das Verhältnis von
Wandel und Beständigkeit zu begünstigen. Spaß kann sein, und sollte sein.
Auch Mathematiker, auch Archimedes, Gauß und Euler waren Menschen; sie
waren witzig, sie waren ängstlich, sie lebten ihrer Wissenschaft, hatten Freunde und Gegner, waren abhängig von den Zeitläuften, litten unter Kriegen und
menschlicher Kleinlichkeit, strebten nach Ruhm oder Geld, oder es war ihnen
gleichgültig, sie hatten Frau und Kind, eine Heimat oder wurden vertrieben. Es
gibt lesenswerte Romane über herausragende Mathematiker, über den Franzosen Galois (19. Jahrhundert), über Johannes Kepler (17. Jh.), Mathematiker,
Astronom und Naturforscher, der als einer der ersten einen bemannten Flug
zum Mond beschrieb.

Die Fülle der Schriften zur Geschichte der Mathematik ist mittlerweile auch
für Spezialisten fast unüberblickbar geworden, nachdem sich Mathematikgeschichte seit der europäischen Aufklärung und besonders seit dem 19. Jahrhundert zu einer eigenständigen wissenschaftlichen Disziplin entwickelt hat. Der
Gegenstand der Studien ist außerordentlich weit gefächert. Es gibt dickleibi-
ge Monographien zu speziellen Themen ebenso wie zusammenfassende Darstellungen der Entwicklung der Mathematik von den Anfängen bis in unsere
Gegenwart. Zeitschriften publizieren mathematikhistorische Forschungsergebnisse, neuentdeckte mathematikhistorische Quellen – Handschriften, Archiv-
materialien – werden erstmals publiziert und kommentiert. In vielen Ländern
der Erde, an führenden Universitäten, wird Mathematikgeschichte in Vorlesungen und Übungen gelehrt. Dazu kommt noch die enge Einbindung der
Mathematikgeschichte in die Geschichte der Naturwissenschaften und in die
allgemeine Wissenschaftsgeschichte überhaupt. Selbstverständlich gibt es zahlreiche Veröffentlichungen zum Leben und zum Werk bedeutender Mathematiker. Dazu treten die Editionen der gesammelten Werke bedeutender Mathematiker, groß angelegte internationale wissenschaftliche Unternehmungen wie z.B.
die Herausgabe der Werke von Leonhard Euler und Gottfried Wilhelm Leibniz.

Einen besonderen Reiz auf den Leser üben Autobiographien von Mathematikern aus, wo der Blick in die Werkstatt des schöpferischen Mathematikers ermöglicht wird, und wir Authentisches über Denkweisen der Mathematiker erfahren können. Wir können uns informieren über das Leistungsvermögen der Mathematik der Chinesen vor 2000 Jahren, über den Zustand der Mathematik im alten Ägypten, in Mittelamerika vor dem Eindringen der Europäer, im europäischen Mittelalter. Wir wissen vieles über den Austausch mathematischer Kenntnisse zwischen großen Kulturen, z.B. zwischen der Welt des Islam und Europa vom 10. bis 14. Jahrhundert. Das Entstehen einer Weltwissenschaft Mathematik im 19. Jahrhundert beschäftigt die Mathematikhistoriker ebenso wie die nationalen Besonderheiten z.B. der französischen, britischen und italienischen Mathematik während des 19. Jahrhunderts.

Und noch eine Feststellung: Häufig werden die Schwierigkeiten mathematikhistorischer Forschung von Außenstehenden unterschätzt: Gründliche mathematische Kenntnisse bilden eine notwendige Ausgangsbasis. Dazu aber kommen erhebliche weitere Forderungen: weitreichende Sprachkenntnisse, eine Art detektivischer Fähigkeit, aussagefähiges Quellmaterial in Archivbeständen aufzufinden, eine Begabung, auch ganz schwer lesbare Handschriften zu entziffern – man braucht Jahre, um sich in die Handschriften von Leibniz etwa oder Bolzano einzulesen. Und eine Grundschwierigkeit liegt in der Natur der Sache: Mathematische Lehrsätze, auch die aus alter Zeit, werden ja nicht "falsch" – hierin unterscheidet sich die Historiographie der Mathematik z.B. von derjenigen der Chemie. Aber: fast alle mathematischen Ergebnisse sind im Zuge der Entwicklung in neue, andere, zum Teil ganz verschiedene Zusammenhänge im Gesamtsystem der Mathematik eingeordnet worden. So steht die Berechnung der Fläche eines Parabelsegmentes durch Archimedes im Zusammenhang mit dem Problem der Quadratur von Flächen; wir erblicken im Ergebnis von Archimedes ein frühes Resultat zur weitaus späteren Integralrechnung. Und die Größenlehre des antiken Mathematikers Eudoxos – um ein weiteres Beispiel zu nennen – weist formale Ähnlichkeiten mit dem Dedekindschen Schnitt auf; im Gesamtsystem der Mathematik aber nahmen und nehmen sie andere strukturelle Funktionen wahr.

Für den aktiven Forscher auf dem Gebiet der Mathematikgeschichte hat dies erhebliche Konsequenzen: Er muß nahezu schizophren arbeiten: Die heutige Mathematik verstehend muß er erkennen können, was sich hinter alter Terminologie, in anderen Zweckbestimmungen stehend, an modernem mathematischem Denken verbirgt, ohne sich zu Überinterpretationen verführen zu lassen. Er wäre beispielsweise töricht, gänzlich ahistorisch, aus dem Umstand, daß die alten Ägypter mit Brüchen rechneten, zu folgern, es handele sich dort bereits um eine Form der Gruppentheorie. Dies ist aber tatsächlich 1921 von einem führenden Gruppentheoretiker behauptet worden!

Die Hinwendung zum "intellektuellen Abenteuer Mathematikgeschichte"
bedarf also – wenn man sich nicht im Dschungel einer fast überreichlichen
Literatur verirren will – dringend einer Orientierungshilfe. Man sollte wissen,
was man lesen und wissen will. (Autoren ihrerseits sollten wissen, für welchen
gedachten Leser sie schreiben.)

Es wird nützlich und hilfreich sein, wenn wir uns mit einigen grundsätzlichen
Fragen an die Geschichte der Mathematik vertraut machen. Sie können in
einem gewissen Sinne als Leitfaden durch die Vielschichtigkeit und verwirrende
Fülle des Angebotes dienen.

# 2. Fragen an die Geschichte der Mathematik

1. Problemgeschichte, Begriffsgeschichte, innermathematische Zusammenhänge

2. Mathematik in ihrer historischen Wechselwirkung mit Naturwissenschaften und Technik

3. Biographisches

4. Institutionen, Organisationsformen

5. Mathematik als Teil der Menschheitskultur

6. Gesellschaftliches Umfeld der Mathematik

7. Mathematik als Teil der Allgemeinbildung

8. Historisch–kritische Analyse von Quellentexten

Die Reihenfolge dieser Problemgruppen sagt wenig aus über die Wichtigkeit, über den Stellenwert innerhalb der Geschichtsschreibung zur Geschichte der Mathematik. Aber es sollte selbstverständlich sein, daß die erste Problemgruppe eine herausragende, unverzichtbare Rolle spielt. Was wäre die Geschichte der Mathematik ohne eine Geschichte zentraler Begriffe wie Zahl, Funktion, Integral, Gruppe, Differentialgleichung, ohne eine Geschichte der Axiomatisierung der Geometrie, ohne eine Entstehungsgeschichte mathematischer Disziplinen wie Funktionalanalysis, Mengenlehre, Matrizentheorie?
Gleichermaßen unverzichtbar für eine Beschreibung des tatsächlichen Entwicklungsprozesses der Mathematik ist die Berücksichtigung des historischen Wechselverhältnisses zur Entwicklung von Naturwissenschaften und Technik.

Wie kann man den Mathematiker Archimedes verstehen, ohne zugleich seine physikalische Leistung zu würdigen? Und was wäre der Mathematiker Kepler ohne den Astronomen Kepler? Lagrange und Newton, Maxwell und Klein kann man nicht in ihrer mathematischen Leistung verstehen, ohne einen genauen Blick auf die Entwicklung der zeitgenössischen Naturwissenschaft und Technik. Leonhard Euler schrieb über Artilleriewesen, Schiffsbau und Glasherstellung ebenso wie über abstrakte Infinitesimalrechnung.

Aufschlußreich und aussagefähig, auch für die Gestaltung der Zukunft, sind Studien über die Art und Weise, wie Mathematik unterrichtet wurde, welche Stellung die Mathematik im Wertesystem der Bildung einnahm, wie sich mathematische Schulen herausbildeten, wann mathematische Zeitschriften entstanden. Mathematik fand in der antiken Philosophenschule Platons und in der europäischen Aufklärung eine herausragende Wertschätzung. Weitreichende mathematische Kenntnisse waren die Voraussetzung für eine Beamtenlaufbahn im alten China. Wie ist heute darüber zu befinden, wieviel abstrakte moderne Mathematik in die Gymnasialausbildung aufzunehmen wäre, um den Forderungen der Industriegesellschaft nachkommen zu können? Wieviel Mathematik braucht ein Ingenieur? Diese Frage ist seit dem 19. Jahrhundert immer und immer wieder neu und aus verschiedener Sichtweise diskutiert worden.

Mit der Wendung "Gesellschaftliches Umfeld der Mathematik" ist ein weiter Bereich hochinteressanter historischer Phänomene angesprochen. Während des frühen 15. Jahrhunderts bereitete Portugal unter Leitung des Prinzen Heinrich (mit dem Beinamen "der Seefahrer") die Expansion zur See und die Eroberung neuer Länder systematisch vor, indem man die führenden Mathematiker, Astronomen, Kartographen und Navigatoren zusammenzog und eine "nautische Akademie" gründete.

Mathematiker waren führend an der nationalen Einigung Italiens im neunzehnten Jahrhundert beteiligt, Mathematiker spielten eine herausragende Rolle während der großen Französischen Revolution von 1789/94, polnische Mathematiker entschlüsselten den Geheimcode der Deutschen Wehrmacht und trugen so wesentlich zum Sieg über Hitlerdeutschland im Zweiten Weltkrieg bei. Ernstzunehmende Kunst- und Kulturgeschichte sollte – vielleicht mehr als bisher – auf eine Analyse der Kunstobjekte unter mathematischen Gesichtspunkten zurückgreifen. Der ästhetische Genuß beim Betrachten von Gemälden oder Zeichnungen oder Bildwerken – etwa bei Leonardo da Vinci und Albrecht Dürer – wird keineswegs gemindert, wenn man die Komposition der Kunstwerke auf Elemente der frühen darstellenden Geometrie hin untersucht. Auch Architektur enthält geronnene Mathematik, Musik ist eine höchst mathematische Angelegenheit, seit den Pythagoreern bis hin zu Bach und modernen Komponisten.

Viele Spiele – Schach, das ostasiatische Go, sogar einige Kartenspiele – besitzen eine mathematische Struktur. Dichter haben sich über Mathematik geäußert, auch Mathematiker haben Romane und Gedichte geschrieben. Einer der frühen bedeutenden Mengentheoretiker, Felix Hausdorff, hat unter einem Pseudonym Dramen geschrieben. Der Welterfolg "Alice's Adventures in Wonderland" (1865) stammt von dem Mathematiker Ch. L. Dodgson (1832–1898), der in Oxford Mathematik lehrte und unter dem Namen Lewis Carroll zahlreiche phantastische Geschichten veröffentlicht hat.

Diese Fragenkomplexe bzw. Problemgruppen berühren auf die eine oder andere Weise die Grundfrage der Historiographie der Mathematik: Warum hat sich die Mathematik zu einer solchen weitgefächerten Wissenschaft entwickelt, von einer derartigen Tiefe der Abstraktion einerseits und einer Fülle von Anwendungen andererseits? Worin liegen die Triebkräfte? Ist es die innere Dynamik, die Eigengesetzlichkeit des mathematischen Denkens, die die Mathematik seit Jahrtausenden voranbringt? Waren es praktische Bedürfnisse gesellschaftlichen Lebens, materielle oder ideelle Bedürfnisse, Sicherung des Lebens, menschliche Neugier? Auf diese schwierigen Fragen versucht die Philosophie der Geschichte der Mathematik bzw. der Geschichte der Wissenschaften zu antworten; die Antworten hängen ihrerseits vom jeweiligen philosophischen Standpunkt des Autors ab. Es wird keine definitive, von allen akzeptierte Antwort geben, aber die Diskussion – eine sehr lebendige dazu – ist äußerst fruchtbar.

Halten wir fest: Der erkenntnistheoretischen Redlichkeit halber sollten wir begrifflich unterscheiden zwischen der Geschichte der Mathematik und der Historiographie der Mathematik. Geschichte der Mathematik bezeichnet den Entwicklungsprozeß der Mathematik im Ablauf der Zeit in den verschiedenen Regionen der Erde, also den objektiven Entwicklungsprozeß. Historiographie bedeutet die Geschichtsschreibung über jenen objektiven Prozeß. Ihr fällt die Aufgabe zu, die Geschichte der Mathematik so genau wie möglich zu beschreiben, in allen Aspekten, nach inneren und äußeren Einflüssen, durch das Wirken der handelnden Personen, d. h. der Mathematiker in erster Linie, und dabei die Ursachen der Entwicklung, so sicher wie irgend möglich, durch Analyse bloßzulegen.

# 3. Überblick über die Geschichte der Mathematik

Prinzipiell erscheint es denkbar und machbar, jede der obigen Problemgruppen als historiographisches Prinzip zu benutzen, um die Gesamtgeschichte der Mathematik darzustellen. Es ist vernünftig, die Geschichte der Mathematik lediglich als Problem- und Begriffsgeschichte zu verstehen, aber dies ist ebenso einseitig und würde den Aufgaben der Historiographie nicht gerecht, wie wenn man die Geschichte der Mathematik auf das Biographische oder auf die Wechselwirkung mit der Technikgeschichte reduzieren wollte.

Unter jedem Gesichtspunkt gibt es hervorragende Ergebnisse der untersuchenden Historiographie. Alle haben ihre spezifische Funktion, vor allem, wenn sie redlicherweise klarstellen oder dem Leser die Einsicht unterstellen, daß bewußt der eine oder andere historiographische Gesichtspunkt als Leitmotiv benutzt, andere Problemgruppen dagegen weniger stark berücksichtigt werden. Es wäre denkbar, daß Mathematiker eine problemgeschichtlich orientierte Historiographie bevorzugen. Im Schuldienst stehende Kollegen werden nach der Verwendbarkeit im Unterricht fragen und von biographischen und kulturgeschichtlichen Darstellungen möglicherweise am ehesten profitieren. Philosophisch Interessierte dürften über zu viel Mathematik leicht hinwegzulesen geneigt sein, aber mit Interesse die engen Beziehungen zwischen Mathematik, Philosophie und Religion verfolgen wollen, etwa bei Platon und Pythagoras, bei den Kirchenvätern des frühen Christentums, bei Immanuel Kant. Sie werden die sog. Grundlagenkrise der Mathematik im Zusammenhang mit der Mengenlehre des ausgehenden 19. Jahrhunderts erkenntnistheoretisch zu interpretieren suchen, ebenso wie den Hilbertschen Weg der Grundlegung der Mathematik und die auch mathematisch schwierigen Sätze von Gödel aus den 30er Jahren unseres Jahrhunderts.

So verbinden sich Geschmack, Absicht und Auffassung des jeweiligen Autors in historiographischen Arbeiten mit den Vorstellungen, an welche Art von gedachten Lesern sich der Autor wendet.

Ich, der Autor Hans Wußing, halte dafür, daß nach Möglichkeit Einseitigkeiten vermieden werden sollten. Schließlich kommt es meiner Meinung nach darauf an, die Stellung der Mathematik innerhalb der menschlichen Gesellschaft und in deren Entwicklungsprozeß bestmöglich historiographisch zu erfassen. Das ist leicht gesagt, aber schwer getan. Und eben diese gesellschaftliche Stellung änderte sich in der Zeit und hängt ab von der kulturgeschichtlichen Region. Die Mathematik im alten Ägypten unterschied sich nicht nur hinsichtlich ihres Entwicklungsgrades von der im klassischen Altertum; auch ihre gesellschaftlichen Funktionen und ihre Akzeptanz durch die Gesellschaft waren deutlich verschieden. Vielleicht ist es sogar vernünftig, von Mathematiken, also im Plural zu sprechen, wenn man die gesellschaftliche Stellung der Mathematik während der europäischen Mathematik zur Zeit der Renaissance etwa mit der im islamischen Bereich oder während der Industriellen Revolution im 19. Jahrhundert vergleicht.

So werden, wenn wir uns der Geschichte der Mathematik beim Gang durch die Jahrtausende und in den verschiedensten Regionen der Erde zuwenden, von Fall zu Fall unterschiedliche historiographische Aspekte in den Vordergrund zu rücken sein, unter Abwägung des Wesentlichen. Es ist das Leichte, was schwer zu machen ist – um mit Bertolt Brecht zu sprechen.

Aus pragmatischen Gründen, so scheint mir, ist die leichteste Annäherung an das Ideal der Historiographie noch immer der Weg, dem Gang der Zeit zu folgen, das chronologische Prinzip zu wählen, für die historisch aufeinanderfolgenden Perioden der Menschheitsentwicklung (über die im großen Zügen bei den Historikern sogar internationale Übereinstimmung erreicht wurde) jeweils Stand, Reichweite und gesellschaftliche Funktion der Mathematik zu beschreiben, jene Problemgruppen zu bedenken und in ihrer historischen Tragweite zu beurteilen. Solange es noch keine einigermaßen einheitliche Weltmathematik gab – sagen wir, bis zum 19. Jahrhundert – wird auch die Mathematik in den räumlich getrennten Hochkulturen der Erde getrennt zu behandeln sein.

Halten wir uns also an eine vom chronologischen Prinzip diktierte Grobgliederung der Geschichte der Mathematik. Die Periodisierung soll zugleich die spätere Kapiteleinteilung der vorgelegten Texte vorwegnehmen.

0. Anfänge

1. Mesopotamien

2. Ägypten

3. Griechenland und Hellenismus

4. China

5. Indien

6. Islamische Länder

7. Präkolumbianisches Amerika

8. Europäisches Mittelalter

9. Renaissance

10. Zeitalter des Rationalismus und der Aufklärung

11. 19. Jahrhundert

12. 20. Jahrhundert

Das hier gewählte chronologische Prinzip der Historiographie – wie gesagt, eines unter vielen möglichen – halte ich sogar für hinreichend elastisch, um auch die Geschichte mathematischer Teilaspekte – z.B. Zahl, Analysis, Gleichungstheorie – darstellbar zu machen, vorausgesetzt, man hat eine ungefähre Vorstellung davon, was eine Periode als Ganzes auszeichnet. Wenn man beispielsweise weiß, wenigstens ungefähr weiß, wie der Stand der Mathematik im alten Ägypten war, so wird man auf diesem Hintergrund die Geschichte der Zahlzeichen und des Zahlbegriffes einzuordnen verstehen.

Versuchen wir also, uns in Zeit und Raum der Geschichte der Mathematik zu orientieren, als eine Art Leitfaden durch die Geschichte der Mathematik und als Orientierungshilfe für den Zugang zur Historiographie der Mathematik.

Für die dreizehn angegebenen Perioden werden allgemein historische Zeithorizonte angegeben und kurze Zusammenfassungen über Stand, Inhalt und Reichweite der Mathematik der jeweiligen Periode gegeben.

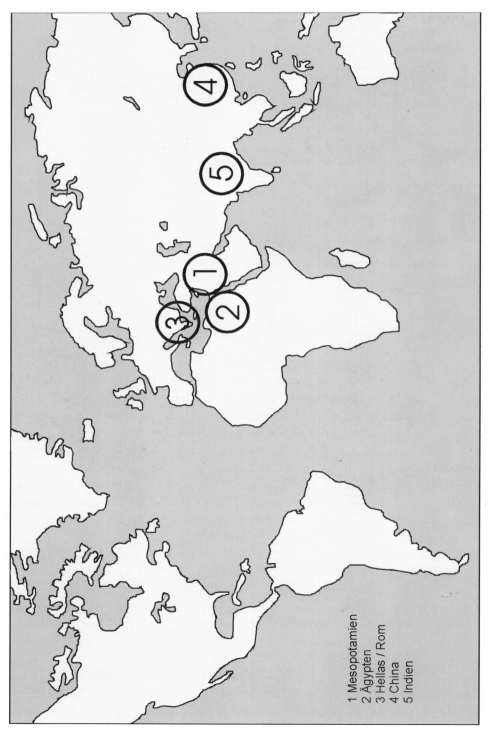

1 Mesopotamien
2 Ägypten
3 Hellas / Rom
4 China
5 Indien

Karte 3.0: Zentren der Mathematik im Altertum

# 3.0 Anfänge der Mathematik

Vor ca. 4 Millionen Jahren:
    Auftreten von Hominiden (Menschenähnlichen) in Afrika

Vor ca. 2,5 Millionen Jahren:
    Urmensch, mit Werkzeugen

Vor ca. 100 000 Jahren:
    Homo Sapiens (der verständige Mensch), etwa der heutige Menschtyp

Biologische Entwicklung der Menschheit vor ca. 40 000 bis 30 000 Jahren
vollendet

| | | | | |
|---|---|---|---|---|
| Altsteinzeit | 600 000 | bis | 8000 v.u.Z | |
| Mittelsteinzeit | | bis | 4500 v.u.Z | |
| Jungsteinzeit | | bis | 2000 v.u.Z | für |
| Kupferzeit | | bis | 1800 v.u.Z | Mitteleuropa |
| Bronzezeit | | bis | 700 v.u.Z | |
| Eisenzeit | | ab | 700 v.u.Z | |

Tabelle 3.0 Anfänge der Menschheit

Noch während der Steinzeit wurden zwei höchst folgenreiche Erfindungen gemacht: der Gebrauch des Feuers und die Entwicklung der Schrift. Die gegenwärtig früheste archäologisch gesicherte Feuerstelle dürfte 500 000 Jahre alt sein. Die Entwicklung von einfachen Schriftzeichen, hervorgegangen aus bildhaften Darstellungen (Piktogrammen) und Zeichen auf Knochen, Gerätschaften, Waffen und in Höhlenmalereien der jüngeren Altsteinzeit liegt etwa 6000 Jahre zurück. Ungefähr ebenso alt sind die ersten Zahlzeichen.

Mit der Schrift tritt die Menschheit in ihre historische Periode ein. Namen von Völkern und Herrschern, bedeutende Ereignisse, Schlachten, Städtenamen treten aus der historischen Anonymität hervor. Auch schriftliche Überlieferung von Kenntnissen und Erfahrungen wird möglich.

Sogar aus prähistorischer Zeit, aus der Zeit noch vor Erfindung der Schrift, besitzen wir erstaunlich detailreiche Kenntnisse vom Stand damaliger Mathematik. Die Mathematikhistoriker sprechen direkt von einer Steinzeitmathematik. An Quellen haben wir eine Fülle von verschiedenartigsten Ornamenten mit geometrischen Strukturen – Dreieck, Quadrat, Rechteck, Rhombus, Kreis, Zick-Zack-Linie, spitze und stumpfe Winkel – auf Tongefäßen, auf Waffen, in Flecht- und Webereierzeugnissen.

Sprachwissenschaftliche Studien – historischer und vergleichender Art – geben uns klare Aussagen über Zahlwerte, über die Art und Reichweite des Zählens sowie über die zugrundeliegenden Zahlsysteme. Beispielsweise haben die Zahlen 5, 10, 12, 20 und 60 als Basis eines Positionssystems gedient.

Die Anfänge der Mathematik reichen also weit zurück und waren zugleich von sehr handfesten praktischen Bedürfnissen bestimmt. Dazu gehört auch die Notwendigkeit, sich in Raum und Zeit zu orientieren. Als Folge beobachten wir für die Frühzeit schon eine außerordentlich enge Verbindung der Mathematik mit der Astronomie. Die zahlreichen megalithischen Steinsetzungen, z. B. das berühmte Stonehenge in Südengland aus prähistorischer Zeit beeindrucken uns noch heute und geben noch immer mathematische Rätsel auf. Unverkennbar ist auch der enge Zusammenhang mit religiösen und kultischen Vorstellungen und Handlungen.

# 3.1 Mathematik in Mesopotamien

| | |
|---|---|
| um 3200 | Einwanderung der Sumerer |
| 3000-2700 | sumerische Stadtstaaten: Entstehung der Schrift |
| um 2700-2000 | Einwanderung und Herrschaft der Akkader: metrologische Tabellen, Rechentafeln |
| 1900 | sog. Babylonische Kultur |
| 1900-1600 | Altbabylonisches Reich |
| 1728-1668 | König Hammurapi |
| 1600-625 | wechselvolle politische Geschichte (Assyrer, Hethiter) Hauptteil mathematischer Keilschrift |
| 625-539 | Neubabylonisches Reich (Dynastie der Chaldäer) seit 747 astronomische Beobachtungen |
| 539 | Perser erobern Babylon |

Tabelle 3.1 Zur Entwicklung in Mesopotamien

Wir bevorzugen hier den Ausdruck mesopotamische Mathematik, im Gegensatz zu der auch häufig gebrauchten Wendung "babylonische Mathematik". Immerhin ist die Geschichte im Lande zwischen den beiden Strömen Euphrat und Tigris (griechisch bedeutet Mesopotamien Zwischenstromland) nur zum Teil vom babylonischen Reich mit der Hauptstadt Babylon bestimmt.

Im Unterschied zur altägyptischen Mathematik besitzen wir so reichlich Quellen zur mesopotamischen Mathematik – überwiegend Tontafeln mit Keilschrift – aus der langen Geschichte dieser Region, daß wir sogar die Entwicklung der dortigen Mathematik analysieren können, z.B. die Herausbildung des Zahlensystems und der Zahlzeichen, die Fortschritte in Algebra und Geometrie.

Ähnlich wie in Altägypten war die mesopotamische Mathematik von direkten praktischen Anforderungen – Landvermessung, Kanalbau, Tempelfundamente, Ernteerträge, Fernhandel, astronomische Beobachtungen – geprägt, erreichte aber, gemessen an Ägypten, einen weitaus höheren Entwicklungsstand, der gegen Ende der Periode schon Züge mathematikinterner, eigendynamischer Gesetzmäßigkeiten aufweist. Dies ist ein Resultat neuerer Forschungen zur mesopotamischen Mathematik.

Das sexagesimale Positionssystem (also zur Basis 60) erhielt im 6. Jh. v. u. Z. sogar noch ein inneres Lückenzeichen, also eine Art Nullzeichen, und hat das heutige tägliche Leben geformt: Die Einteilung der Stunde in 60 Minuten,

der Minute in 60 Sekunden und die Unterteilung des Vollwinkels in 360° sind
mesopotamischen Ursprungs.

Insbesondere weist die mesopotamische Rechenkunst schon Elemente echt algebraischen Denkens auf: Man findet die Auflösung von speziellen Gleichungen
bis zum Grade 4, lineare Gleichungssysteme, arithmetische und geometrische
Reihen, Quadrat- und Kubikwurzeln, den pythagoreischen Lehrsatz (zeitlich
weit vor Pythagoras), in der Geometrie den Thalessatz (weit vor Thales) und
bei Dammbauten die Benutzung eines Böschungswertes, der dem trigonometrischen Kotangens äquivalent ist.

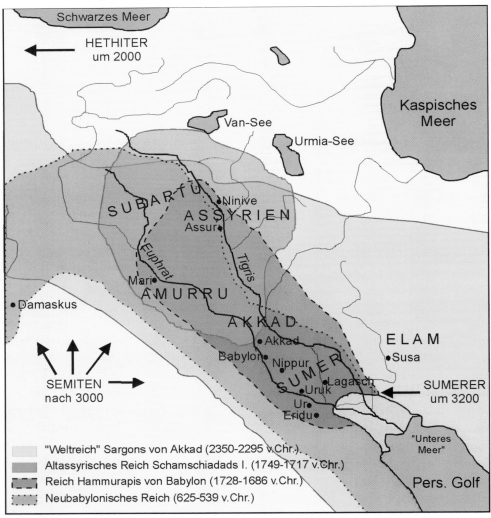

Karte 3.1: Staaten im Vorderen Orient vom Ende des 4. bis zur
Mitte des 1. Jahrtausends v. Chr.

# 3.2 Mathematik im alten Ägypten

| | | | |
|---|---|---|---|
| Einigung des Reiches | ca. | 3000 v.u.Z. | |
| Altes Reich | ca. | 2740-2150 | (Pyramiden) |
| Erste Zwischenzeit | | | |
| Mittleres Reich | ca. | 2040-1788 | (mathematische Papyri) |
| Zweite Zwischenzeit | | | |
| Neues Reich | ca. | 1580-1090 | |
| Spätzeit | ab | 1090 | |
| ab 525 fremde Herrscher: Perser, Mazedonier (Alexander der Große); dann nochmals unter den Ptolemäern selbständig | | | |
| 30 v.u.Z.: Selbstmord von Cleopatra, Ägypten wird römische Provinz | | | |

Tabelle 3.2 Zur Entwicklung im alten Ägypten

Wir besitzen einige wenige Originalquellen zur altägyptischen Mathematik. Im wesentlichen handelt es sich um drei Texte, zwei davon auf Papyrus, der dritte auf Leder geschrieben. Die Papyri sind benannt nach dem jetzigen Aufbewahrungsort Moskau bzw. nach A. Henry Rhind (1833–1863), einem schottischen Bankier und Archäologen, der ihn in der Nähe von Luxor gekauft hat. Der Papyrus Rhind befindet sich nun in London (British Museum), ebenso wie die mathematische Lederrolle.

Allerdings stammen alle drei Quellen etwa aus derselben Zeit, aus dem Mittleren Reich. So haben wir einen ziemlich guten Einblick in die Mathematik zu jener Zeit; die Rekonstruktion der Geschichte der altägyptischen Mathematik aber ist bislang aus Mangel an Quellen nicht möglich.

Die gesellschaftlichen Träger der "Wissenschaften" waren die sog. Schreiber, also des Schreibens kundige Männer, die in hohen Ehren standen, über beträchtliche Macht als Verwaltungs"beamte" des Staates verfügten, Steuern eintrieben, riesige Arbeitsheere dirigierten, Gerichtsbarkeit ausübten und eben auch mathematische Kenntnisse als eine Art Handwerkszeug der Arbeitsorganisation praktizierten. Der Papyrus Rhind wurde, wie der Text ausweist, vom Schreiber Ahmose von älteren Vorlagen übernommen.

Die altägyptische Mathematik war leistungsfähig. Sie verfügte über ein dezimales Zahlensystem, eine durchgefeilte Bruchrechnung, vermochte lineare Gleichungen aufzulösen, geometrische Reihen traten auf, es gab den Begriff des Winkels, man vermochte einfache Flächen (Quadrat, Rechteck, Dreieck) und Volumina (Würfel, Quader) zu berechnen. $\pi$ wurde meist mit 3, aber auch

durch $\frac{\pi}{4} \sim (\frac{8}{9})^2$ angenähert. Das Glanz-
stück der altägyptischen Mathematik
stellt die korrekte Bestimmung des
Volumens eines Pyramidenstumpfes
mit quadratischen Deckflächen dar.
Wir wissen nicht, wie dieses bemerkenswerte Ergebnis gefunden worden
ist; sicher aber steht es im Zusammenhang mit den ungeheuren Pyramiden-
bauten, von denen die größten aus dem
Alten Reich stammen. Die größte, die
um 2525 v. u. Z. für König Cheops er-
richtete Pyramide, besaß bei quadratischer Grundfläche eine Seitenlänge
von ca. 230 m und eine Höhe von
146 m. Nach einer Schätzung haben etwa 50 000 Menschen 50 Jahre lang an
der Cheopspyramide gearbeitet.

Auch die Bestimmung der Oberfläche
der Halbkugel als das doppelte der
Fläche eines Großkreises (Meridians)
berherrschten die Ägypter, eine Erkenntnis, die später Archimedes zugeschrieben wurde.

Unser heutiger Kalender basiert auf
dem Altägyptens, der vermutlich schon
in der dritten Dynastie unter Pharao
Djoser benutzt wurde, um das Kommen der jährlichen Nilüberschwem-
mung vorauszuberechnen.

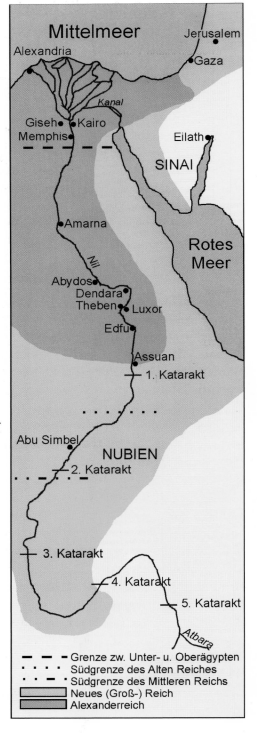

Karte 3.2: Ägypten von ca. 3000 v. Chr.
bis 700 n. Chr.

## 3.3 Griechisch–Hellenistische Mathematik

| | |
|---|---|
| 3./2. Jtd. v. u. Z. | Kretisch-mykenische Kultur |
| Ende 2./Anfang 1. Jtd | Dorische Wanderung |
| ca. 1000 | Griechen an der kleinasiatischen Westküste |
| ca. 900 | Griechen übernehmen phönizisches Alphabet |
| 8-6 Jh. | Griechische Kolonisten im Mittelmeer und Schwarzen Meer |
| 776 | Beginn der Siegerlisten der Olympischen Spiele |
| 490-448 | Perserkriege |
| 490 | Schlacht bei Marathon |
| 462-429 | Höchste Blüte Athens unter Perikles (Akropolis) |
| 431-404 | Peloponnesischer Krieg zwischen Athen und Sparta |
| 387 | Gründung der Akademie durch Platon |
| 338 | Griechenland unter mazedonischer Herrschaft (Philipp; Alexander der Große) |
| 335 | Gründung des Lyzeums durch Aristoteles |
| 334-323 | Kriegszüge Alexanders des Großen nach Persien, Ägypten, Indien. 323 Tod Alexanders. Durch Verschmelzung griechischer Kultur mit der des Orients entstehen die Kultur und Wissenschaft des *Hellenismus* |
| 311 | Teilung des Alexanderreiches |
| 146 | Römer zerstören Karthago und unterwerfen Griechenland |
| 44 v.u.Z | Ermordung Caesars |
| 66-70 u.Z. | Jüdischer Krieg; Zerstörung Jerusalems durch die Römer |
| 176 | Verbot der christlichen Religion im Römerreich |
| 270 | Höhepunkt der Christenverfolgungen |
| 391 | Christentum wird Staatsreligion im Römerreich |
| 395 | Teilung: weströmisches und oströmisches Reich |
| 410 | Mathematische Schule in Alexandria zerstört |
| 476 | Untergang des weströmischen Reiches |
| 529 | Akademie in Athen gewaltsam geschlossen |
| 1453 | Untergang des oströmischen Reiches |

Tabelle 3.3 Griechisch–Hellenistische Zeit

Es handelt sich hier um die Entwicklung der Mathematik im Zeitraum von ca. 600 v.u.Z. bis etwa 500 u.Z., also während eines reichlichen Jahrtausends, in einem geographischen Raum, der anfangs Griechenland und Teile des östlichen Mittelmeeres, später, nach der Herausbildung der "Welt"kultur des Hellenismus, das östliche Mittelmeer, weite Teile Kleinasiens, Mittelasiens und Teile Indiens sowie Ägypten umfaßte und sich schließlich nach der Etablierung des Römischen Imperiums auf den gesamten Mittelmeerraum und Teile Westeuropas erstreckte.

Die von den Römern hervorgebrachte eigenständige Mathematik (die überdies sogar wesentlich etruskischen Ursprungs zu sein scheint) war bescheiden und umfaßte lediglich ein eigenes Zahlensystem und Beiträge zur Landvermessung. Wir verzichten also, wie auch sonst häufig praktiziert, auf ein gesondertes Kapitel zur Geschichte der römischen Mathematik.

Die Periode der griechisch–hellenistischen Mathematik erfreute und erfreut
sich auch daher der besonderen Aufmerksamkeit, weil wir hier am welthistori-
schen Wendepunkt der Herausbildung einer Mathematik von einem im enge-
ren Sinne wissenschaftlichen Typ stehen, mit Axiomen, Definitionen, Sätzen,
Beweisen, mit einer in sich gegliederten logischen Struktur. Der weitere Gang
der Entwicklung der Mathematik wurde von dorther entscheidend geprägt und
dient noch heute als methodologisches Vorbild.

Über die Ursachen dieser geistesgeschichtlich entscheidenden Zäsur gab und
gibt es verschiedene Meinungen. Überhaupt ist die Historiographie der Wissenschaften (auch die der Mathematik) eine offene Wissenschaft mit unterschied-
lichen Auffassungen und sogar prinzipiellen Differenzen in Grundfragen. Der
Umschwung, die Entstehung einer sozusagen methodologisch modernen Mathematik im 5. und 4. Jahrhundert v. u. Z. wird materiellen, philosophischen,
politischen und ökonomischen Ursachen zugerechnet, ja sogar solch schwer
faßbaren Gründen wie dem "Geist der Griechen". Statt einer Ursache sollte
man vielleicht jene einmalige historische Situation sehen, wo im Zusammenwirken von durchgreifenden Änderungen im Produktionsprozeß (Eisen, Schiff-
fahrt) mit Wanderungsbewegungen von Völkerschaften und der Entstehung
der Polis–Demokratie griechischer Stadtstaaten das abstrakte philosophische
Denken entstehen und in diesem Zusammenhang auch das abstrakte mathematische Denken aufkeimen konnte. Suchten die Philosophen (gr.: Freunde
der Weisheit) nach den Ursachen der Änderungen in Natur und Gesellschaft,
– weit über die Beschreibung der Phänomene hinausgehend –, so entsprach
dies in der Mathematik der Suche nach auf sichere Grundlagen gestützten
Beweisen für mathematische Sätze.

Und noch ein Wort, das zur Vorsicht mahnt: Die Quellenlage ist schwierig.
Keine einzige Handschrift von Euklid oder Archimedes oder Ptolemaios ist im
Original erhalten. Wir müssen uns auf immer wieder und wieder gefertigte
Abschriften oder mehr oder weniger korrekte Kopien stützen, die zum Teil
Jahrhunderte später als die schon damals längst verlorenen Originale angefer-
tigt worden sind. Es gehört daher zu den Aufgaben der Historiographie der
Mathematik, eventuell im Zusammenwirken mit Philologen, nach Möglichkeit
den Originaltext zu rekonstruieren, indem man spätere Kopien textkritisch
z.B. von Zusätzen "reinigt", die späteren Datums sind oder von anderen Autoren eingeflossen sind.

Für die griechisch–hellenistische Mathematik kann man nach Methode, Inhalt
und Umfang vier ziemlich deutlich getrennnte Perioden unterscheiden. (Es gibt
indessen noch andere, durchaus berechtigte Periodisierungen.)

Eine erste Früh- bzw. Vorbereitungsperiode wird wegen ihres engen Zusammenhanges mit der ionischen Naturphilosophie *ionische Periode* genannt und
ist auf die Zeit vom Ende des 7. Jhs. bis zur Mitte des 5. Jhs. v.u.Z. zu datieren.
Ein Teil des aus dem Vorderen Orient und Ägypten übernommenen mathe-

matischen Erfahrungsschatzes wurde von ionischen Naturphilosophen und der pythagoreischen Schule zu einer auf Definitionen und Beweisen beruhenden selbstständigen Wissenschaft Mathematik umgestaltet. In dieser Periode wirkten u.a. Thales von Milet (624?–548), Hippokrates von Chios (um 440) und der Naturphilosoph Demokritos von Abdera (460?–370?), der mittels seiner atomistischen Vorstellungen erstmals die Volumina von Pyramide und Kegel angeben konnte, wie Archimedes später berichtet hat. Im Rahmen der von Pythagoras von Samos (580?–500?) begründeten religiös-politischen Sekte der Pythagoreer, wo zahlenmystische Vorstellungen im Zentrum ihrer Philosophie standen, sind wertvolle tiefliegende mathematische Erkenntnisse gefunden worden, z.B. über die Irrationalität spezieller Quadratwurzeln.

Eine zweite Periode, die auf die Zeit von etwa 450 bis etwa 320/300 anzusetzen ist, wird *athenische Periode* genannt. Das Zentrum der mathematischen Aktivitäten befand sich in Athen, dem damals ökonomisch, politisch, militärisch und kulturell einflußreichsten griechischen Stadtstaat.

In dieser Periode wirkten u.a. die hervorragenden Mathematiker Eudoxos von Knidos (408?–355?) und Theaitetos von Athen (410?–368?). Auf Grund der gedanklichen Schwierigkeiten mit den "inkommensurablen Größen" (heute: irrationale Zahlen) und logischen Paradoxien in der Schule der Eleaten erhielt die damalige Mathematik eine ganz eigentümliche innere Struktur, einen besonderen Charakter, der – nach einem Ausdruck des dänischen Mathematikhistorikers H. G. Zeuthen (1839–1920) – als "geometrische Algebra" bezeichnet wird. Algebraische Probleme wie lineare und quadratische Gleichungen werden auf geometrischem Wege behandelt, da Größen wie $\sqrt{2}$ zwar eine geometrische Existenz (Diagonale im Einheitsquadrat), jedoch keine Existenz als (rationale) Zahl besitzen. Im Einflußbereich der Akademie, der Philosophenschule Platons, stand die Mathematik als Muster einer deduktiven Wissenschaft in höchstem Ansehen, ihre praktischen Anwendungen dagegen wurden abgelehnt. Mit der Übernahme Platonscher Grundgedanken in das europäische Mittelalter wurde das Interesse an der Mathematik als Denkwissenschaft wachgehalten; der Platonismus als philosophische Grundposition der Mathematik ist beispielsweise bei Kepler ganz deutlich ausgeprägt.

In einer dritten Periode, der *hellenistischen*, die ungefähr viereinhalb Jahrhunderte bis zur Mitte des 2. Jhs. unserer Zeitrechnung dauerte, erreichte die antike Mathematik ihre Hochblüte, und das ganz besonders in der Zeit bis 150 v. u. Z. Gelegentlich spricht man von der alexandrinischen Periode, da in dieser Periode das ägyptische Alexandria den unbestrittenen Mittelpunkt des mathematischen Lebens in der antiken Welt darstellte.

Der möglicherweise in Alexandria wirkende Euklid (365?–300?) hat unter Einbeziehung früherer Teildarstellungen in den meisterhaften 13 Büchern der "Elemente" die damaligen mathematischen Kenntnisse systematisiert, allerdings ohne Bezug auf die Anwendungen der Mathematik. Archimedes von

Syrakus (287?–212) und Apollonios von Perge (262?–190?) schufen die Spitzenleistungen der griechisch-hellenistischen Mathematik. Archimedes erkannte die unbeschränkte Fortsetzbarkeit der Zahlenreihe, lieferte ausgezeichnete Näherungen für $\pi$, berechnete krummlinig begrenzte Flächen, indem er infinitesimale Betrachtungen nach Art der späteren Integralrechnung anstellte und wandte die Mathematik auf komplizierte physikalische Probleme, u. a. auf schwimmende Körper an. Apollonios faßte frühere und eigene weitreichende Ergebnisse über Kegelschnitte in den "Conica" zusammen. Heron von Alexandria (vermutlich um 60 u. Z.) hat eine Vielzahl von Schriften zur praktischen Mathematik verfaßt. Ptolemaios (85?–165?) faßte im "Almagest" die astronomischen Kenntnisse der Antike zusammen; dazu gehörten ebene und sphärische Trigonometrie, die als Sehnentrigonometrie entwickelt worden war. Und schließlich wurde noch durch Diophantos von Alexandria (vermutlich um 250 u. Z.) echt algebraisches Denken neu belebt; in seiner "Arithmetik" finden sich sogar Ansätze einer algebraischen Symbolik.

Am Ausgang der Antike wurde auch die Mathematik vom allgemeinen Niedergang der Wissenschaften bei der Auflösung und dem schließlichen Zusammenbruch des römischen Reiches betroffen; man spricht daher von einer *Niedergangsperiode*. Die wissenschaftliche Produktivität ebbte ab und erlosch schließlich gänzlich. Sogar errungenes Wissen ging verloren oder wurde unverständlich.

Einige herausragende Ergebnisse konnten trotzdem erreicht werden, etwa durch Pappos von Alexandria (um 320) und Proklos Diadochos (410–485) mit seinem umfangreichen Kommentar zu den "Elementen" von Euklid.

Die Mathematikschule zu Alexandria erlosch 415 mit der Ermordung der Mathematikerin Hypatia während der Heidenverfolgungen durch fanatische Christen. Die Akademie in Athen wurde 529 durch den christlichen oströmischen Kaiser Justinian als Stätte "heidnischer und verderbter Lehren" geschlossen.

Nach dem Zusammenbruch des römischen Weltreiches finden sich im weströmischen Teil nur relativ bescheidene mathematische Kenntnisse, ein wenig Feldmeßkunst, elementare Geometrie, Bruchrechnung und der Computus, d.i. die Berechnung der beweglichen kirchlichen Feiertag.

Günstiger als in Westrom stand es im oströmischen Reich. Dort blieben viele, auch mathematische Handschriften erhalten, schon deswegen, weil griechisch, die Sprache der Wissenschaft, dort lebendige Sprache blieb. Viele mathematische Schätze der Antike konnten so auf dem Wege über oströmische, byzantinische Traditionen während der Renaissance nach Italien und Westeuropa gelangen.

Die eigentliche Bewahrerin der antiken mathematischen Schätze aber wurde die islamische Weltkultur des 8. bis 13. Jahrhunderts, in die viele Ergebnisse der Mathematik der Antike einflossen und weiterentwickelt wurden.

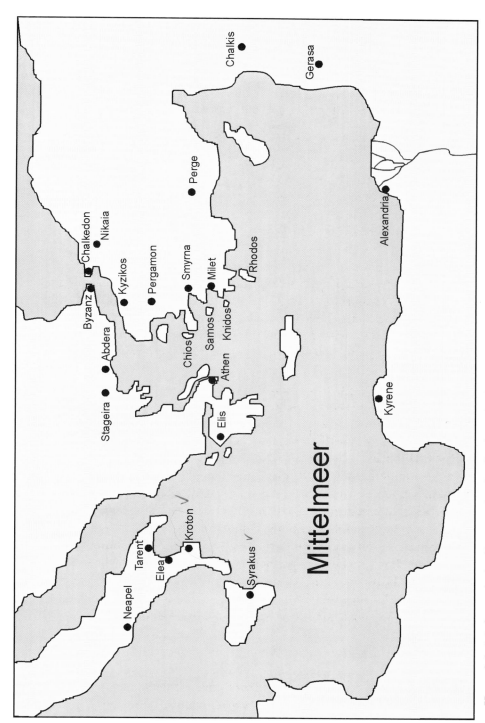

Karte 3.3: Mathematische Zentren der Antike im Mittelmeerraum

## 3.4   Mathematik im alten China

| | |
|---|---|
| Seit 16. Jh. v. u. Z.<br>    Shang-Dynastie | ca. 1400 v. u. Z.: Orakelknochen mit Zahl-<br>    zeichen |
| Seit 11. Jh. v. u. Z.<br>    Chou-Dynastie | 551-479: Konfuzius |
| | 4. Jh.: Beginn des Baues der Großen<br>    Mauer, Standardisierung von<br>    Maßen, Gewichten und Münzen |
| 221-207 v. u. Z.<br>    Qin-Dynastie | |
| 206 v. u. Z. bis 220 u. Z.<br>    Han-Dynastie | "Neun Bücher" über Mathematik<br>Erfindung des Papiers |
| 618-907<br>    Tang-Dynastie | 656: Zusammenstellung von zehn<br>    mathematischen "Klassikern" |
| • | 7. Jh.: Herstellung von Porzellan |
| • | 10. Jh.: Kompaß |
| • | |
| 13./14. Jh.: China unter der Herrschaft<br>    der Mongolen | 11.-14. Jh.: Entwicklung des Buchdrucks;<br>    hochentwickelte Astronomie |
| | 16. Jh.: Missionstätigkeit und wissensch.<br>    Einfluß der Europäer in China |

Tabelle 3.4 Zur Entwicklung in China

Das Volk der Chinesen gehört zu den ältesten Kulturvölkern der Erde. Im 3. Jahrtausend v. u. Z. existierten Hochkulturen im Bereich des gelben Flusses; im 2. Jahrtausend war die Bronzekultur voll ausgebildet.

Trotz einer wechselvollen politischen Geschichte – mühevoller Weg zur politischen Einigung, blutige Ablösung verschiedener Dynastien, Rivalität unterschiedlicher Ideologien und Philosophien, zeitweise Eroberung durch die Mongolen – verdankt die Menschheit den Chinesen herausragende technische und naturwissenschaftliche Leistungen.

Die Chinesen waren Meister der künstlichen Bewässerung. Sie erfanden das Porzellan (seit 7. Jh.), den Buchdruck mit beweglichen Lettern (14. Jh.), züchteten Seidenraupen. Chinesische Erfindungen wie Papier, Schießpulver, Raketen, Kompaß – gelangten von China nach dem Westen. Außergewöhnlich genaue astronomische Beobachtungen reichen weit bis ins 1. Jahrtausend v. u. Z. zurück.

Mathematik war vorgeschriebener Ausbildungsgegenstand der Verwaltungsbeamten des Riesenreiches. Rechenbretter dürften bereits im 1. Jahrtausend v. u. Z. in Gebrauch gewesen sein. Trotz unterschiedlicher Zahlenschreibweise – Stäbchen- oder Bambusziffern waren vom 2. Jh. v. u. Z. bis zum

12./13. Jh. in häufigem Gebrauch – war ein Positionssystem zur Basis 10 seit dem 3. Jh. v.u.Z. üblich, die noch fehlende "Null" gelangte vermutlich aus Indien nach China. Anders als in der griechischen Antike galten Irrationalitäten als Zahlen, und es wurde mit negativen Zahlen und Brüchen gerechnet. Spätestens im 13. Jh. war der Begriff des Dezimalbruches voll ausgebildet, zeitlich weit vor dieser Erfindung in Europa.

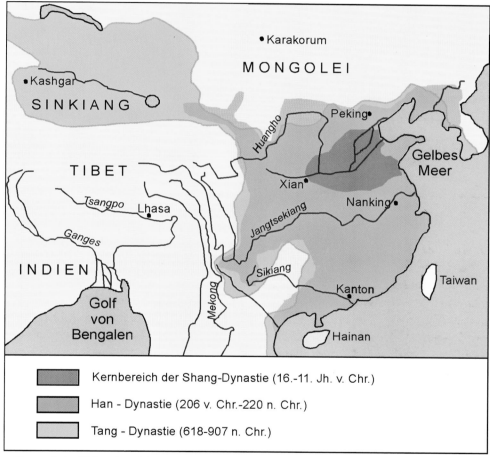

| | Kernbereich der Shang-Dynastie (16.-11. Jh. v. Chr.) |
| Han - Dynastie (206 v. Chr.-220 n. Chr.) |
| Tang - Dynastie (618-907 n. Chr.) |

Karte 3.4: China im Altertum und Mittelalter

Natürlich gab es eine auf praktische Bedürfnisse – Feldmessung, Kanal- und Deichbau, Handel, u. a. m. – zugeschnittene Geometrie und Arithmetik. Auch der Satz des Pythagoras war bekannt. Eine Reihe systematischer Darstellungen der Mathematik ist uns seit dem 2. Jh. v. u. Z. überliefert. Im 12. und 13. Jh. erreichte insbesondere die Algebra einen hohen Abstraktionsgrad. Algebraische Gleichungen, Gleichungssysteme, unbestimmte lineare Gleichungen (lineare Gleichungen in mehreren Variablen) konnten ebenso behandelt werden wie arithmetische Reihen, Binomialkoeffizienten, Quadrat- und Kubikwurzeln. Auf hohem Niveau stand auch die Kartographie, die u. a. eine Art Koordinatensystem und in der Astronomie die heute nach Mercator benannte Projektion verwendete. Allerdings besaß die chinesische Mathematik nicht jene strenge, innere Struktur wie die griechisch-hellenistische Mathematik; häufig fehlen die Beweise.

# 3.5   Mathematik in Indien

| | |
|---|---|
| 4. Jahrtausend im Nordwesten Indiens, im Gebiet um den Indus sog. Indus-kulturen, städtischer Zuschnitt, z. B. Harappa, Mohenjo Daro; Im 2. Jahrtausend wieder untergegangen. | Schrift, noch nicht entziffert. |
| 2. Hälfte 2. Jahrtausend v. u. Z. Arische Einwanderung, z. B. Magadha-Reich | Vedische Schriften mit mathematischem Inhalt, u. a. "Schnurregeln" zum Altarbau |
| 6. Jh. v. u. Z. Buddha | |
| 327/326 Feldzug Alexanders des Großen nach Indien | |
| 320 u. Z. Begründung des Gupta-Reiches | 499 Abhandlung von "Aryabhatiya" von Aryabhata |
| | 6. Jh.: dezimales Positionssystem (mit Null) schon weit verbreitet |
| 8./9. Jh. große Teile Indiens unter islami-schem Einfluß | |
| | 1150 "Kranz der Wissenschaften" von Bhaskara II. |
| seit 16. Jh. massiver Einbruch der Euro-päer | |

Tabelle 3.5 Zur Entwicklung in Indien

Die Überlieferung schriftlicher mathematischer Texte auf dem indischen Sub-kontinent reicht zurück bis in die Entstehungszeit der religiös-philosophischen Bücher der "Veda", also – nach allerdings umstrittener Datierung – bis ins 2. Jahrtausend v. u. Z. Im wesentlichen handelt es sich bei diesen frühen Quel-len um sog. "Schnurregeln" (Śulba-sûtra), um Vorschriften zur Konstruktion von Altären der verschiedensten Grundrisse, wobei Bambusstäbe und Schnüre benutzt wurden.

Die Hauptwerke der indischen Mathematik sind jedoch zwischen dem 2. (oder 5.) Jh. u. Z. und dem 16. Jh. entstanden, in einigen Teilen deutlich unter helle-nistischem Einfluß, z. B. in der Trigonometrie. Eine anhaltende Aufwärtsent-wicklung, die zu einem sehr hohem Niveau geführt hatte, – bis zur Verwendung von unendlichen Reihen –, wurde mit dem Eindringen der Europäer abgebro-chen, und die heimischen Traditionen waren nach kurzer Zeit fast vollständig verschüttet.

Die Haupttriebkräfte der Entwicklung der Mathematik im alten Indien hat man im Handel und in der engen Verbindung zur Astronomie zu suchen. Sie erreichte auf einigen Gebieten für ihre Zeit führende Positionen, bei schon beginnender, wenn auch noch schwacher Wechselwirkung mit chinesischer und islamischer Mathematik. Hier hat die mathematik-historische Forschung noch sehr viel aufzuklären.

Besonders bemerkenswert an der indischen Mathematik ist die Algebraisierung der Rechenmethoden: Rechnen mit der Null und mit negativen Zahlen, Einführung von festen Bezeichnungen für die Unbekannte und ihre ersten Potenzen, die formelmäßige Auswertung von Klammerausdrücken, Aufbau einer Gleichungslehre, Lösung von Gleichungen durch Kettenbruchentwicklungen.

Soweit es sich um die Übernahme griechisch–hellenistischer Mathematik handelt, ist es eine Befreiung der geometrischen Algebra von ihrer geometrischen Hülle, z. B. eine echte Algebraisierung von Euklids "Elementen". Damit sind wesentliche Verbesserungen verbunden: Quadratische Gleichungen mit zwei Lösungen; auch negative Lösungen (die geometrisch völlig sinnlos sind) werden anerkannt.

Zugleich finden wir eine rasche Weiterentwicklung und Durchbildung der rechnerischen Methode der Astronomie: Man geht über von der Sehnentrigonometrie des Ptolemaios zur Sinustrigonometrie. Die vier trigonometrischen Funktionen Sinus, Kosinus, Tangens, Kotangens werden definiert und in allen vier Quadranten tabelliert, einschließlich negativer Funktionswerte. Es gibt Vorstufen vom Sinussatz und Kosinussatz der ebenen Trigonometrie.

Im 15. Jahrhundert wurden unendliche Reihen für trigonometrische Funktionen studiert. Auch findet sich die heute nach Leibniz benannte Reihenentwicklung

$$\frac{\pi}{4} = 1 - \frac{1}{3} + \frac{1}{5} - \frac{1}{7} + \dots$$

Ein Element der indischen Mathematik prägt in außerordentlicher Weise die Mathematik der gesamten Erde – das dezimale Positionssystem. Es ist verbürgt seit dem 7. Jahrhundert und breitete sich mit dem Handel relativ rasch in den islamischen Bereich aus. Es ist dort schon um 800 nachweisbar. Von dort gelangte es nach Europa. Wir sollten also – historisch korrekt – von den indisch–arabischen Ziffern sprechen.

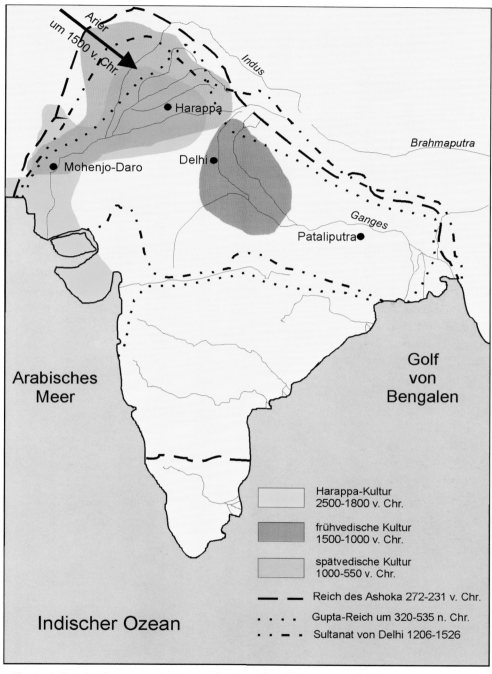

Karte 3.5.1: Kulturen und Staaten Indiens im Altertum und Mittelalter

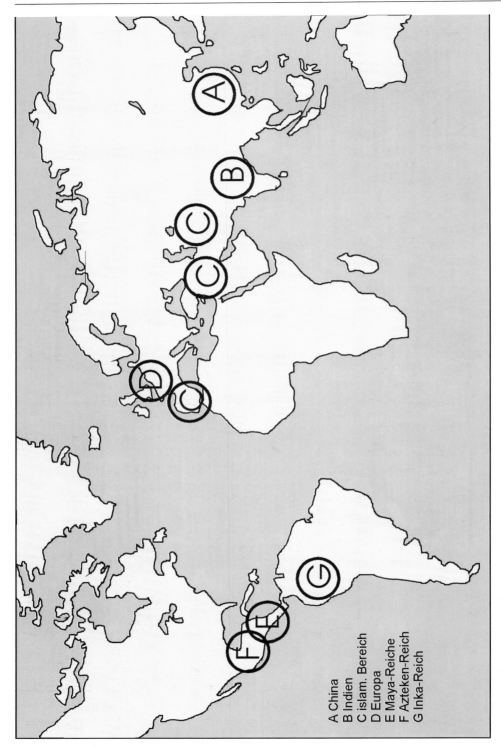

A China
B Indien
C islam. Bereich
D Europa
E Maya-Reiche
F Azteken-Reich
G Inka-Reich

Karte 3.5.2: Zentren der Mathematik im Mittelalter

# 3.6  Mathematik in islamischen Ländern

| | |
|---|---|
| 622 Hedschra (Muḥammads Flucht aus Mekka) | Beginn der beiden islamischen Zeitrechnungen (Sonnen- bzw. Mondkalender) |
| 635 Araber erobern Damaskus | |
| 637 Eroberung Persiens | |
| 639/40 Eroberung Mesopotamiens | |
| 642 Alexandria erobert | |
| 661 Damaskus wird Hauptstadt des Kalifates | |
| 661-750 Umaijaden-Dynastie | |
| 664 Kabul erobert | |
| 711-714 Eroberung des größten Teils der iberischen Halbinsel | |
| 732 Schlacht von Tours und Poitiers, Vormarsch der Araber nach Frankreich wird gestoppt | |
| 756 Gründung des Emirates in Cordoba (Spanien) | glänzende Entfaltung von Kultur, Kunst, Wissenschaft |
| 762/63 Bagdad neu gegründet | |
| 750 Beginn der Abbasidenherrschaft, Bagdad wird Hauptstadt des Kalifates | Blütezeit des Abbasidenreiches ("Märchen aus 1001 Nacht") |
| 786-809 Kalif Hārūn ar-Raschīd | |
| 9. Jh. Beginn des Zerfalls des Großreiches. Entstehung lokaler oder regionaler islamischer Staaten in Mittelasien, Afrika, Spanien | Anfang 9. Jh.: Gründung des "Hauses der Weisheit", einer Art Akademie nach antiken und altorientalischen Vorbildern |
| 1258 Bagdad von den Mongolen erobert | |
| 15. Jh./16. Jh. Die meisten arabischen Territorien unter türkischer Herrschaft | |
| 1453 Eroberung Konstantinopels durch die Türken, unter dem Namen Istanbul Hauptstadt des Osmanischen Reiches | |
| 1529 Erste türkische Belagerung Wiens | |

Tabelle 3.6 Zur Entwicklung in islamischen Ländern

Wir verwenden hier die Ausdrücke "Mathematik des Islam" bzw. "islamische Mathematik" statt des häufig auch gebrauchten Terminismus "arabische Mathematik". Wohl war Arabisch im Kalifat die Sprache der Verwaltung und der Wissenschaft (ähnlich wie Latein die Gelehrtensprache im mittelalterlichen Europa war), von der Nationalität her aber stammten die Gelehrten aus verschiedenen Völkern, waren u.a. Araber, Usbeken, Tadschiken, Perser, Syrer, Juden.

Bereits Muḥammed hatte die Grundlagen für das islamische Weltreich gelegt.

In einer historisch kurzen Zeit von etwa hundert Jahren, in einem Sturmlauf ohnegleichen, eroberten seine Nachfolger (Kalifen, d.h. Stellvertreter) ein riesiges Reich, das sich von Nordwestindien über Mittelasien, Iran, die arabische Halbinsel, Irak, Syrien, Palästina, Nordafrika, Spanien bis an die Grenze zum Frankenreich erstreckte.

Vom 8. bis zum 13./14. Jahrhundert herrschte ein starkes Kulturgefälle von Ost nach West. Durch mannigfache Beziehungen zwischen Europa und dem Orient – vom friedlichen Handel bis zu den blutigen Auseinandersetzungen während der Kreuzzüge und des Kampfes um das östliche Mittelmeer – gelangten zahlreiche Errungenschaften der islamischen Kultur und Wissenschaft nach Europa, z.B. Webereikunst (Damast, nach Damaskus benannt), Stahlherstellung (Damaszener Klingen), Pferdezucht ("Araber"), Papierherstellung, Kompaß, Seidengewinnung, kartographische Kenntnisse, Gewürze, Pflanzen, Tiere – und nicht zuletzt Mathematik, seit dem 10./11. Jahrhundert.

Bei der Mathematik des Islam handelt es sich um einen Entwicklungszeitraum von einem halben Jahrtausend und das in einem geographisch außerordentlich ausgedehntem Gebiet. Probleme des Bauwesens, der Geodäsie, des Erbrechtes, des Handels, der Astronomie und Astrologie, Geographie und Optik beeinflußten nachhaltig die Entwicklung der islamischen Mathematik.

Es ist allgemein üblich geworden, die Geschichte der islamischen Mathematik in drei Phasen historiographisch zu erfassen.

In einer ersten Phase – bis etwa zur 1. Hälfte des 9. Jh. – wurden wesentliche Teile des aus der griechisch-hellenistischen Antike, aus Persien, Indien, Ägypten und Vorderasien noch verfügbaren Wissens zusammengetragen und, vorwiegend an dem vom Kalifen Al–Ma'mūn in Bagdad gegründeten "Haus der Weisheit", ins Arabische übersetzt. Schon 780 war Ptolemaios übertragen, im Laufe des 9. Jh. folgten Werke von Euklid, Apollonios, Archimedes, Menelaos, Diophant, Heron.

In einer zweiten Periode bildete sich – während des 9. und 10. Jahrhunderts – eine eigenständige mathematische Kultur heraus. Der erste in der Reihe hervorragender Mathematiker war der aus Choresm stammende, im "Haus der Weisheit" wirkende al–Chorezmi (al–Ḫwārizmī, 780?–850?), der die indischen Ziffern bekanntmachte und die Auflösung linearer und quadratischer Gleichungen systematisierte. Aus dem Buchtitel einer seiner Abhandlungen "Kitāb-al-ǧabr ..." erwuchs der Name Algebra für eine mathematische Disziplin; der Name des Verfassers wurde im lateinischen Sprachgebrauch zu Algorismi; auf sprachgeschichtlichen Umwegen wurde daraus das Fachwort "Algorithmus".

Die dritte Periode wird mit "Bestehen einer durchgebildeten, ganz spezifischen Mathematik mit bedeutenden neuen Ergebnissen" wohl am besten beschrieben; sie reicht bis ins 15. Jahrhundert, trotz wechselvoller Geschichte.

Auch nach dem Niedergang der Abbasidendynastie hielt der Aufschwung noch unter einzelnen lokalen Dynastien an. Im 13. Jh. brachen jedoch diese Reiche im Osten unter dem Ansturm der Mongolenheere und in Spanien im Kampf gegen die christliche Reconquista (Wiedereroberung) zusammen. 1492 fiel Granada, das letzte Emirat auf spanischem Boden.

Im Osten erlebten die Wissenschaften nach der Islamisierung der Mongolen und unter chinesischem Einfluß noch einmal eine gewisse Blüte, an einzelnen Zentren wie z. B. Samarkand. Unter der Herrschaft der Osmanen wurden zwar einige wissenschaftliche Traditionen – Kartographie, Astronomie – weitergeführt, insgesamt aber konnte seit dem 15./16. Jahrhundert die Entwicklung der Mathematik in den Ländern des Islam mit der in Europa nicht Schritt halten.

Die islamische Mathematik zeichnet sich sowohl durch ihre Vielfalt als auch durch Spezifikation aus. Schon in der zweiten Phase gibt es Problemstellungen zur Arithmetik, Zahlentheorie, zur Geometrie, Näherungsrechnung, Trigonometrie und Algebra.

Im 10./11. und 12. Jh. nahmen astronomische Berechnungen und Näherungsmethoden der Algebra und Trigonometrie immer größeren Umfang an, mit einer deutlichen Abkehr von der geometrischen Algebra der Antike. Abū Kāmil (850?–930?) führte die algebraischen Denkweisen fort, Abu'l–Wafā' (940–998) und al–Karaji (al–Karaǧī, gest. 1029) entwickelten die Theorie der Irrationalitäten und Wurzelschachtelungen weiter, Ibn al–Haitham (Ibn al–Haitam) beschäftigte sich mit den Grundlagen der Geometrie und schwierigen Einzelproblemen, z. B. der Kubatur des Rotationsparaboloides, al–Chojandi (al–Huǧandī, gest. um 1000) führte zahlentheoretische Fragestellungen des Diophant weiter, beschäftigte sich u. a. mit ganzzahligen Lösungen der Gleichung $x^3 + y^3 = z^3$, glaubte, einen Beweis für die Nichtlösbarkeit gefunden zu haben und gelangte damit zum Problemkreis des sog. großen Fermatschen Satzes.

Von ganz besonderer Bedeutung war die islamische Trigonometrie, in engem Zusammenhang zur Astronomie bei ganz ausgezeichneten Sternwarten. Al–Battānī (850?–929) war Urheber einer vorzüglichen Planetentheorie, arbeitete die indische und hellenistische Literatur zur Astronomie systematisch durch und entschied sich für die indische Sinustrigonometrie. Er fand den Kosinussatz der sphärischen Trigonometrie und erarbeitete eine von Grad zu Grad fortschreitende Tabelle der Tangenswerte.

Weitere herausragende Mathematiker – Astronomen waren Abu'l–Wafā', at–Tūsī (1201–1274), al–Bīrūnī (973–1048) und Uluġ Beg (1393–1449), der die Genauigkeit der trigonometrischen Tafeln bis auf 17 Dezimalen vorantreiben konnte. Abu'l–Wafā' hatte den Sinussatz der sphärischen Trigonometrie gefunden; damit war die sphärische und ebene Trigonometrie dem mathematischen Gehalt nach voll ausgebildet.

Gerade an den Tafelrechnungen wird deutlich, daß es im islamischen Bereich zu einer großartigen Durchbildung der numerischen Methoden kam: Übergang zu Brüchen, Umrechnung von Sexagesimalbrüchen in Dezimalbrüche und umgekehrt, Näherungsverfahren zum Radizieren von zusammengesetzten Radikanden (Polygonen), Fehlerrechnung zur Abschätzung der Tafelgenauigkeit, Iterationsverfahren, Interpolationsformeln – und manches andere mehr.

Die Mathematik in den islamischen Ländern war regional verschieden. In den westarabischen Kalifaten – auch dort gab es herausragende Kulturzentren wie Córdoba und Toledo – erreichte sie nicht das hohe Niveau wie im Osten; so gelangten nur Teile der islamischen Mathematik ins christliche Europa. Vieles von den Spitzenleistungen der ostarabischen Mathematik blieb in Europa lange unbekannt, wie beispielsweise die vollentwickelte sphärische Trigonometrie, die in Europa durch Regiomontanus im 15. Jh. nochmals entwickelt werden mußte. Alles in allem aber war die Tradierung mathematischen Wissens durch Vermittlung der islamischen Mathematik von allergrößter Bedeutung für die Entwicklung der Mathematik in Europa.

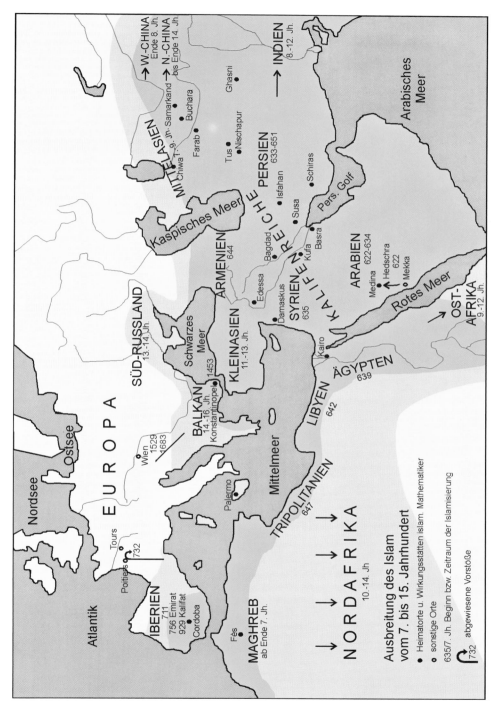

Karte 3.6: Zentren der Mathematik in islamischen Ländern im Mittelalter

# 3.7   Mathematik im präkolumbianischen Amerika

| | | |
|---|---|---|
| Seit dem 4. Jh.: | Stadtstaaten der Mayas auf der Halbinsel Yukatán | Hochentwickelte Astronomie und Medizin bei den Mayas und Azteken |
| Ende 15. Jh.: | Ausgedehnte indianische Staatgebilde<br>- Azteken (Mexico)<br>- Mayas (Yukatán)<br>- Inkas (Ekuador, Peru, Bolivien, Chile) | Kalenderrechnung, Tempel- und Festungsbau<br>Pyramiden der Mayas und Azteken<br>Knotenschrift (Quipus) der Inkas |
| 1492 | Spanier entdecken den neuen Erdteil | |
| 1517 | Gewaltsame Kolonialisierung der Mayas beginnt | |
| 1519-1521 | Zerstörung der Reiches der Azteken unter H. Cortez | |
| 1527-1533 | Eroberung des Inkareiches unter F. Pizarro | |

Tabelle 3.7 Zur Entwicklung im präkolumbianischen Amerika

Die Europäer trafen im für sie neuen Erdteil auf eine Urbevölkerung, die in verschiedenen Gegenden auf unterschiedlich hohen Entwicklungsstufen stand. Der Zerstörer des Aztekenreiches, Cortes, berichtete beispielsweise über den hohen Stand der aztekischen Medizin; die spanischen Ärzte könnten getrost zu Hause bleiben.

Durch den fanatischen Zerstörungswillen der Eroberer sind bis auf wenige Ausnahmen die meisten Zeugnisse über die Wissenschaften im Inkareich, bei den Azteken und bei den Maya–Völkern systematisch vernichtet worden. Durch Zufall nur blieben drei Maya–Handschriften erhalten; die Entzifferung bereitet noch immer Schwierigkeiten.

Hinsichtlich der Mathematik dürften die Maya–Völker den höchsten Entwicklungsstand unter den präkolumbianischen Hochkulturen erreicht haben. Gerechnet wurde nach einem Positionssystem zur Basis 20; auch ein Nullzeichen war im Gebrauch. Mathematik stand – wie bei den Azteken – in engem Zusammenhang mit der Astronomie; diese war in Teilen - z.B. bei der Bestimmung der Dauer des Jahres – der damaligen europäischen Astronomie überlegen.

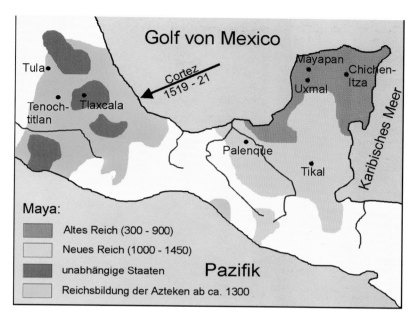

Karte 3.7.1: Indianische Hochkulturen im Mittel-
alter

Karte 3.7.2: Indianische Hochkulturen im Westen
Südamerikas um
1500

# 3.8 Mathematik im europäischen Mittelalter

| | |
|---|---|
| 466 Zusammenbruch der römischen Herrschaft in Gallien | Technisch-praktische Neuerungen |
| 493-554 Ostgotenreich in Italien | Geschirr für Zugtiere (Kummet) |
| um 496 Der Merowingerkönig Chlodwig tritt zum katholischen Christentum über | Hufeisen, Dreifelderwirtschaft |
| 756 Konstituierung des Kirchenstaates | 12. Jh.: Silberbergbau im Erzgebirge |
| 800 Karl der Große wird in Rom zum Kaiser gekrönt | Ausbreitung des Wasserrades Windmühlen in Europa |
| 843 Teilung des Karolingerreiches | reines Segelschiff Heckruder am Schiff |
| 919 Heinrich I., deutscher König | Trittwebstuhl |
| 955 Schlacht auf dem Lechfeld, Ungarn zurück- geschlagen | Gotische Strebefeiler (Ablösung der romanischen Bauweise) |
| 1096-1270 Kreuzzüge | Ziegelbau in Deutschland Entdeckung der starken Säuren |
| 1143 Portugal Königreich | Steinbrücken (Regensburg, Prag) |
| 1241 Schlacht bei Liegnitz gegen die Mongolen | |
| 12./13. Jh. Aufblühen der oberitalienischen Städte (Pisa, Venedig, Genau, Mailand) | 13. Jh.: Räderpflug, Schubkarre Kompaß in Europa |
| 13. Jh. Stauferherrschaft in Sizilien | Schiffahrtsschleusen in Italien, Holland |
| 1469 Heirat von Isabella und Ferdinand: Ver- einigung von Kastilien und Aragon | Studium des Magnetismus |
| 1492 Ende der Reconquista | |
| 1571 Seeschlacht von Lepanto, Vernichtung der türkischen Flotte | |

Tabelle 3.8.1 Zur Entwicklung im europäischen Mittelalter

Nach dem Zusammenbruch des Römischen Reiches und den Stürmen der Völkerwanderung kam es erst im 8. /9. Jahrhundert in Europa zu einer sichtbaren Wiederbelebung von Wirtschaft, Kultur und Wissenschaft. Das europäische Mittelalter war keine "finstere Zeit"; grundlegende Verbesserungen bereiteten den Boden für einen Aufstieg Europas im 15. /16. Jahrhundert.

Doch bis dahin war es ein weiter Weg. Die Wissenschaften standen auf einem erheblich niedrigeren Niveau als im islamischen Bereich. Dies galt auch für die Mathematik.

Karl der Große bemühte sich im Interesse der Stärkung des fränkischen Staates um die Anhebung des Bildungsniveaus der Geistlichkeit und der höheren Beamten. Er zog 781 den aus England stammenden Alcuin von York an seinen Hof. In Tours, Fulda und St. Gallen entstanden Klöster, die sich bewußt der Pflege der Wissenschaften widmeten.

Der französische Geistliche Gerbert, der 999 unter dem Namen Sylvester II

Papst wurde, lernte in Spanien die indisch–arabischen Ziffern kennen; ihm verdankt man auch die erste schriftliche Darstellung des Abacus-Rechnens.

Umfangreiche Teile der islamischen Mathematik (das antike Erbe eingeschlossen) flossen seit dem 12. Jh. nach Europa. Dabei spielte die Übersetzerschule von Toledo eine hervorragende Rolle; Vermittlersprachen wie das Hebräische oder Kastilische wurden gelegentlich zwischen das Arabische und Lateinische eingeschaltet. So wurden die Arithmetik und die Algebra (z.T.) des al–Chorezmi ins Lateinische übertragen; Euklid wurde um 1120 durch Adelard von Bath übersetzt. Die systematische Erschließung der mathematischen Texte unter bewußtem Rückgriff auf den griechischen Originaltext wird aber erst während der Periode der Renaissance erfolgen.

Mit dem 13. Jh. zeigen sich auch in Europa Ansätze eigenständiger Übernahme und Weiterentwicklung mathematischen Gedankengutes, etwa bei Leonardo Fibonacci von Pisa (1170– nach 1240), der, nach Handelstätigkeit in Nordafrika, mit dem Buch "Liber abaci" die indisch-arabischen Ziffern, kaufmännisches Rechnen und Algebra systematisch darstellte. Deutlich wird hier auch, daß die Aneignung wissenschaftlicher Kenntnisse nicht länger auf Geistlichkeit und Klosterstuben beschränkt blieb.

Seit dem 12. Jahrhundert stieg das Bildungsbedürfnis deutlich, insbesondere für die Interessen der höheren Geistlichkeit. Nach dem Vorbild der Zünfte bildeten sich Vereinigungen von Lehrenden und Lernenden (universitas magistrorum et scholarium), um sich die Gesamtheit aller Wissenschaften (universitas litterarum) anzueignen. Dies ist der Grundgedanke der Universitätsgründungen, die teils Gründungen der Kirche, teils der Staaten oder Städte waren, jedoch alle päpstlicher Anerkennung bedurften.

Nach einer Immatrikulation im Alter von 10 bis 12 Jahren absolvierte der Student zunächst das Trivium (Dreifach): Grammatik, Rhetorik, Dialektik und dann das Quadrivium (Vierfach): Arithmetik, Geometrie, Astronomie, Musik.

Doch blieb das Niveau der mathematischen Ausbildung bescheiden: Elementares Rechnen der vier Rechenarten mit ganzen positiven Zahlen, in seltenen Fällen Bruchrechnung, elementare ebene und räumliche Geometrie und sog. Computus, die Berechnung der beweglichen kirchlichen Feiertage. Auch die Musiklehre, wichtiger Teil der Liturgie, enthielt mathematische Elemente, z.B. Proportionenlehre.

Spitzenleistungen auf mathematischem Gebiet kamen in Gelehrtenkreisen dennoch sehr wohl zustande, z. B. bei Jordanus Nemorarius, dem Oxforder Magister Thomas Bradwardine (um 1290–1349) und dem französischen Bischof Nicolaus Oresme (um 1320–1382).

| ca. 1160 | Paris | vor 1231 | Salerno | 1361 | Pavia |
|---|---|---|---|---|---|
| ca. 1160 | Bologna | vor 1243 | Salamanca | 1364 | Krakau |
| vor 1167 | Oxford | 1290 | Lissabon | 1365 | Wien |
| 1181 | Montpellier | 1303 | Rom | 1386 | Heidelberg |
| 1209 | Cambridge | 1308 | Coimbra | 1388 | Köln |
| 1222 | Padua | 1343 | Pisa | 1409 | Leipzig |
| 1224 | Neapel | 1348 | Prag | 1411 | St. Andrews |
| 1229 | Toulouse | 1349 | Florenz | 1477 | Upsala |

Tabelle 3.8.2: Gründungsdaten europäischer Universitäten im Mittelalter
(einige Datierungen umstritten)

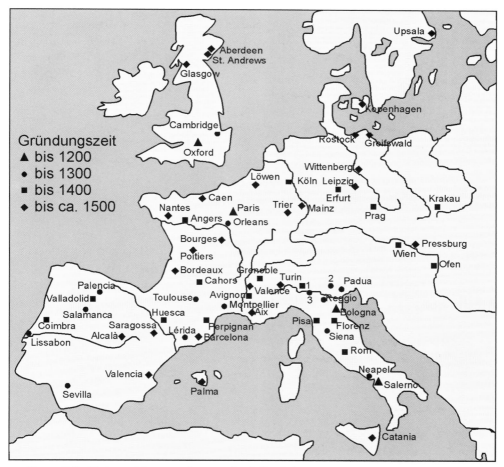

Karte 3.8: Universitätsgründungen im Mittelalter
(1 Pavia, 2 Vicenca, 3 Piacenza)

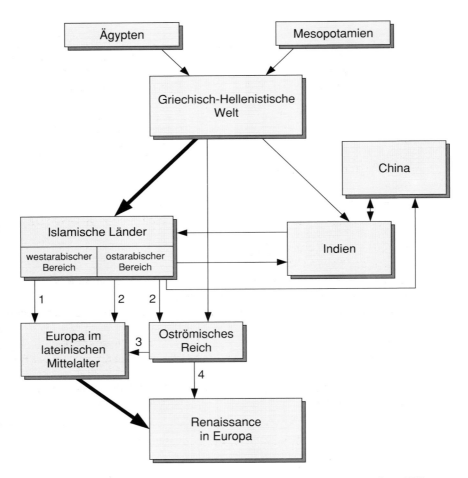

Abbildung 3.1 Hauptströme der Tradierung mathematischen Wissens

Erläuterungen:

1:  Ausbreitung von den westarabischen Ländern über Spanien und Sizilien nach Europa im 11.–13. Jh.

2:  Begegnung mit der ostarabischen Welt im Verlauf der Kreuzzüge

3:  Tradierung mathematischer Werke der griechischen Antike und islamischer Gelehrter des Mittelalters über das byzantinische Reich nach Europa

4:  Direkter Einfluß der byzantinischen Quellen auf die europäische Renaissance

Danach:  Allmähliche Ausbreitung der europäischen Mathematik seit dem 16. Jh. Entstehung einer in Terminologie und Symbolik einheitlichen Weltmathematik im 19. Jh.

## 3.9 Mathematik in der Renaissance

| | | |
|---|---|---|
| 1410 | Niederlage des Deutschritterordens gegen Polen bei Ostexpansion | 1415 der böhmische Reformator Jan Hus wird hingerichtet |
| 1434 | Florenz unter der Herrschaft der Medici | 1401-1464 Nicolaus Cusanus |
| 1455/85 | Rosenkriege in England | um 1450 Erfindung des Buchdruckes mit beweglichen Lettern durch J. Gutenberg |
| 1488 | Portugiesen umsegeln das "Kap der guten Hoffnung" und erreichen 1498 Indien | 1452-1519 Leonardo da Vinci |
| 1489 | Venedig erobert Zypern | 1471-1528 Albrecht Dürer |
| 1492 | Spanier entdecken einen neuen Kontinent, Amerika | 1473-1543 Nicolaus Copernicus |
| 1517 | Luthers Thesen in Wittenberg; Beginn der Reformation | |
| 1524/25 | Bauernkriege in Deutschland | 1546-1601 Tycho Brahe |
| 1509/47 | Herrschaft Heinrichs VIII. in England | 1548-1600 Giordano Bruno |
| 1562/98 | Hugenottenkriege in Frankreich | 1559 erstmals Index der vorbotenen Bücher |
| 1558-1603 Elisabeth I. von England | | 1561-1626 Francis Bacon |
| 1588 | Untergang der spanischen Armada | 1588-1590 Bau der Kuppel der Peterskirche in Rom |
| 1593 | Frankreich: Heinrich IV. tritt zum Katholizismus über | 1609 "Nova Astronomia" von Johannes Kepler |
| 1618-1648 Dreißigjähriger Krieg | | |

Tabelle 3.9.1 Zur Entwicklung in der Renaissance

"Renaissance" bedeutet "Wiedergeburt"; gemeint ist die Wiederbelebung und Aneignung der antiken Kultur und Wissenschaften. Die Antike galt als das "Goldene Zeitalter" und wurde während der Renaissance von der breiten geistigen Bewegung des Humanismus in starken Gegensatz zu dem als "finster und dunkel" empfundenen Mittelalter gebracht.

Folgerichtig kam es darauf an, auch die antiken wissenschaftlichen Texte in ihrer textkritisch gereinigten Orginalfassung wiederherzustellen. So wurden Suche nach verschollenen Manuskripten, kritische Überprüfung der bereits im Mittelalter gewonnenen Ausgaben und Übersetzungen antiker Autoren sowie das Studium der alten Sprachen selbst zu Haupttätigkeitsfeldern der Humanisten. Ihnen verdankt man die Aneignung des noch verfügbaren antiken Wissens durch europäische Gelehrte. Auf dieser Basis erst konnte die Mathematik

| | |
|---|---|
| Apollonios | "Conica", Buch I-IV, lat. aus dem Griechischen 1537 |
| Archimedes | griechische Erstausgabe mit revidierter lat. Übersetzung 1544; lat. 1558 |
| Aristoteles | lat. 1488 |
| Aristoteles | nach früheren Auswahlen Gesamtausgabe mehrfach, z. B. lat. 1472, 1495/98, später nochmals lat. 1553 |
| Diophantos | "Arithmetica", lat. 1575 |
| Dioskurides | 1478 |
| Euklid | "Elemente" erste Druckausgabe lat. 1482; griech.-lat. 1557 und öfter; italienisch 1543; englisch (in Teilen) 1551; deutsch 1555 und 1562 (in Teilen) |
| Heron | (Teile), griech. -lat. 1571, 1589, 1616 |
| Menelaos | lat. 1558 |
| Nikomachos | "Introductio arithmetica" griech. 1538, 1554 |
| Pappos | "Collectiones" (in Teilen) lat. 1501, lat. 1588 und öfter |
| Platon | (Gesamtausgabe), lat. 1483/84, gr. 1513, 1578 |
| Ptolemaios | "Almagest" griech. 1538 |
| Theophrastos | lat. 1483, griech. 1497 |

Tabelle 3.9.2: Mathematische Werke der Antike in Renaissance-Editionen. Sie knüpften an eine ausgedehnte Übersetzungstätigkeit in islamischen Ländern und im mittelalterlichen Europa an. – Nach J.E. Hofmann, Geschichte der Mathematik, Bd. I, 2. Aufl. 1963 (Auswahl).

in Europa zu neuen Ufern gelangen. Antikes mathematisches Wissen blieb bis weit ins 17./18. Jahrhundert anregendes Vorbild, und Euklids "Elemente" dienten noch im 19. Jh. als Lehrbuch.

In der Historiographie der Mathematik, der Naturwissenschaften und der Technik wird seit geraumer Zeit eine Grundfrage diskutiert; die nämlich, warum es gerade in Europa seit dem 15./16. Jh. zur Herausbildung des modernen Typs der Naturwissenschaften – Stichworte: Galilei, Newton – kam mit seinen weitreichenden sozialen und philosophischen Folgen, nicht aber etwa in China oder im Islam, obwohl dort doch ähnliche oder teilweise sogar noch bessere Voraussetzungen, überlegene wissenschaftliche Kenntnisse bestanden hatten. Die Antworten fallen verschieden aus, bringen aber doch durchweg diese entscheidende Wendung in der Wissenschaftsgeschichte in dieser oder jener Weise mit der Entfaltung der städtischen Kultur und des Frühkapitalismus in Süd-, West- und Mitteleuropa in Verbindung.

Mit dem durchgreifenden Übergang von der Naturalwirtschaft zur Geldwirtschaft erhöhten sich die Anforderungen an die Rechenkenntnisse gewaltig. Große Bevölkerungskreise mußten die Umrechnung der verschiedenartigsten Währungs- und Maßeinheiten beherrschen können, Kaufleute mußten Buchführung, Zins- und Zinseszinsrechnung erlernen. Im Auftrage der Stadtverwaltungen lehrten überall sog. Rechenmeister kaufmännisches Rechnen und Rechenkunst. Von den deutschen Rechenmeistern ist Adam Ries (1492–1559) am bekanntesten geworden; eines seiner Rechenbücher wurde noch weit bis ins 17. Jh. ständig nachgedruckt und erlebte mindestens 109 Auflagen. Zuerst in den Handelskontoren, aber dann allmählich auch allgemein, setzte sich das schriftliche Rechnen mit den indisch-arabischen Ziffern gegen das Rechnen auf dem Abacus, dem Rechenbrett durch. In diesem praktischen Zusammenhang, aber auch aus Anlaß der schwierigen Fragen der exakten Kreisberechnung, wurde die antike Auffassung der Zahl als positiver ganzer Zahl überwunden und der Zahlenbereich, freilich noch ohne scharfe begriffliche Fassung, auf den der reellen Zahlen ausgedehnt.

Die Rechenmeister führten nach und nach Abkürzungen und Symbole zur Bezeichnung mathematischer Begriffe und Operationen ein. 1496 wurde der Multiplikationspunkt verwendet, 1481 erstmals die Zeichen + und − für die beiden ersten Grundrechenarten, 1525 erschien zum erstenmal der Wurzelhaken im Druck und 1557 das Gleichheitszeichen =. Aus den Rechenbüchern gingen Bücher und Abhandlungen zur "Coß" hervor, frühe algebraische Texte, benannt nach dem italienischen Wort "cosa" für Sache, Ding, das die Stelle der Unbekannten, der gesuchten Größe in einer Gleichung einnahm.

Die Probleme des sich rasch entwickelnden Geschützwesens und die zunehmende Hochseeschiffahrt auf den Seewegen in die Kolonien sowie die bedeutenden Fortschritte der Astronomie (Astrologie galt als ernstzunehmende Wissenschaft) erzwangen eine Verbesserung der trigonometrischen Tafeln und eine Systematisierung der trigonometrischen Methoden. Schließlich faßte der deutsche Mathematiker und Astronom Johannes Regiomontanus (1436–1476) Lehrsätze und Methoden der ebenen und sphärischen Trigonometrie in dem Werk "De triangulis omnimodis libri quinque" (Über alle Arten von Dreiecken) zusammen.

Im 16. Jh. konnten in Europa erstmals die antiken und islamischen mathematischen Kenntnisse deutlich übertroffen werden. In Italien fanden der Gelehrte Scipione del Ferro (1465–1526) und der Büchsen- und Rechenmeister N. Tartaglia (1500?–1557) die rechnerische Auflösung der Gleichung dritten Grades, L. Ferrari (1522–1565) die der Gleichung vierten Grades. G. Cardano (1501–1576) stellte u.a. Untersuchungen über komplexe Zahlen an und veröffentlichte 1545 in dem bedeutenden Werk "Ars magna" (Die große Kunst, d. i. die Algebra) die neuen Ergebnisse der Algebra. Ein weiteres schrittmachendes Werk war die "Arithmetica integra" (Gesamte Rechenkunst) des deutschen Michael Stifel (1487?–1567), die u.a., neben den Ergebnissen der neuesten Algebra, Grundgedanken des logarithmischen Rechnens enthält. Der bedeutendste Algebraiker jener Periode war jedoch der Franzose Fr. Vieta (1540–1603), der erstmals durchgängig Buchstaben zur Bezeichnung bekannter und unbekannter Zahlengrößen verwendete.

Zu Anfang des 17. Jhs. wurden zur Erleichterung des bedeutenden Rechenaufwandes bei trigonometrischen Rechnungen in Astronomie und Nautik die Logarithmen erfunden, so von J. Bürgi (1522–1632), einem aus der Schweiz stammenden Instrumentenmacher, von dem Schotten J. Neper (1550–1617) und dem Engländer H. Briggs (1561–1639).

Somit hatte bereits Ende des 16., Anfang des 17. Jhs. die Mathematik Europas eine neuartige gesellschaftliche Stellung erreicht; sie besaß sich ständig erweiternde Möglichkeiten zur Anwendung in der gesellschaftlichen Praxis.

Während der Renaissance schritt die Mathematik in drei Hauptrichtungen voran. 1. Ausweitung und Popularisierung der Rechenmethoden, 2. Ausbau der Trigonometrie zum geschlossenen System und 3. Algebraisierung der Rechenmethoden; die Algebra tritt neben die Geometrie als zweite selbständige Disziplin innerhalb der Mathematik.

Und noch zwei Wesensmerkmale sind hervorhebenswert. Das Hervortreten starker eigengesetzlicher, aus der inneren Folgerichtigkeit der Mathematik entspringender Entwicklungstendenzen verband sich mit starken Impulsen, die aus der Naturwissenschaft an die Mathematik ergingen. Beide Tendenzen werden sich in der nachfolgenden Periode, der sog. Wissenschaftlichen Revolution voll auswirken, neben zunehmender Einbindung der Mathematik in die Problemfelder des täglichen gesellschaftlichen Lebens.

# 3.10  Mathematik im Zeitalter des Rationalismus und der Aufklärung

| | |
|---|---|
| 1624 | Richelieu wird bestimmender Minister Frankreichs |
| 1632 | Gustav Adolf von Schweden fällt in der Schlacht von Lützen. Seine Tochter Christine wird Königin, tritt aber 1655 zum Katholizismus über |
| 1641 | Beginn des Bürgerkrieges in England, Cromwell gegen König Karl I., der 1649 hingerichtet wird |
| 1643-1715 | Ludwig XIV. ("Sonnenkönig"), Höhepunkt des französischen Absolutismus |
| 1675 | Sieg des Großen Kurfürsten Friedrich Wilhelm über die Schweden |
| 1689-1725 | Peter I., Zar von Rußland |
| 1688 | Wilhelm III. von Oranien wird König von England |
| 1696 | Friedrich August I., Kurfürst von Sachsen, wird 1697 König von Polen |
| 1697 | entscheidender Sieg Österreichs unter Prinz Eugen über die Türken |
| 1701 | Kurfürst Friedrich III. von Brandenburg krönt sich als König von Preußen |
| 1707 | Vereinigung von England und Schottland zu Großbritannien |
| 1740-1786 | Friedrich II. ("Friedrich der Große"), König von Preußen |
| 1740-1780 | Maria Theresia, Königin von Ungarn und Erzherzogin von Österreich |
| 1729-1796 | Katharina II., Zarin von Rußland |
| 1756 | Beginn des Siebenjährigen Krieges |
| 1783 | Friede von Versailles, England erkennt die Unabhängigkeit der USA an |
| 1789/95 | Große Französische Revolution |

Tabelle 3.10.1 Zum Zeitalter des Rationalismus und der Aufklärung

Der Zeitraum von ungefähr 1620/30 bis etwa 1740/50 gehört zu den bedeutendsten und glanzvollsten Perioden in der Geschichte der Mathematik, so daß man in der Historiographie der Mathematik gelegentlich sogar vom "mathematischen Jahrhundert" spricht.

Männer wie Galilei, Kepler, Fermat, Descartes, Cavalieri, Pascal, Wallis, Leibniz, Newton, Jacob und Johann Bernoulli vollzogen einen Umschwung im mathematischen Denken, gleich revolutionär in der Zielstellung wie in den Methoden.

Das Entscheidende jener Umgestaltung – häufig findet sich in der Literatur sogar das Wort "Revolution in der Mathematik" – besteht im Übergang von der Mathematik statischer Größen zur Mathematik der Variablen, der sich in der Ausbildung der analytischen Geometrie, dem Entstehen der Infinitesimalrechnung (Differentialrechnung, Integralrechnung, unendliche Reihen, Differentialgleichungen) und dem Hervortreten des Funktionsbegriffes zeigte.

Diese Revolution der Mathematik steht in unübersehbarem Zusammenhang mit dem Grundproblem, Bewegungen mathematisch beschreibbar zu machen. Sie wird als Teil der Wissenschaftlichen Revolution der Naturwissenschaften verstanden, die – als festeingeführter Ausdruck der Historiographie der Wissenschaften – das Zutagetreten der grundsätzlich neuen, modernen Naturwissenschaften begrifflich fixieren soll.

| | |
|---|---|
| 1604 | Galilei untersucht die Fallbewegung |
| 1609 | Kepler formuliert die ersten beiden Gesetze der Planetenbewegung |
| 1638 | Mathematische Physik als Methode schriftlich durch Galilei niedergelegt in den "Discorsi" |
| 1656 | Konstruktion einer Penduluhr durch Huygens |
| 1666 | Newton konzipiert die Gravitationstheorie, die Infinitesimalrechnung und die Spektraltheorie des Lichtes |
| 1687 | "Philosophiae naturalis principia mathematica" von Newton erschienen; Grundlegung der Mechanik |
| 1674 | Leibniz erfindet die Staffelwalze zum "Zehnerübertrag" bei maschinellem Rechnen |
| 1682/84 | Leibniz entwickelt den Differential- und Integralkalkül und wendet ihn auf physikalische Probleme an. |
| Ferner: | Mikroskop, Fernrohr, Dampfmaschine in ihrer ersten Form, Brechungsgesetze der Optik, Luftpumpe, Luftdruck, astronomische Entdeckungen (Mond mit Bergen und Tälern, Sonnenflecken, Jupitermonde, Saturnring, Endlichkeit der Lichtausbreitung); Mikroorganismen, rote Blutkörperchen, Blutkreislauf; Kartoffelanbau und Tabakrauchen in Europa, Post, Pferdeomnibusse, Bleistift, Schuhabsatz, Geburtszange |

Tabelle 3.10.2 Zum Umfeld der "Wissenschaftlichen Revolution"

Die ganze Vielfalt der für die Geschichte Europas und schließlich der ganzen Erde überaus wichtigen Periode des 17./18. Jhs. mag dem Leser vielleicht dadurch deutlich werden, daß wir mit der Bezeichnung "Periode des Rationalismus und der Aufklärung" nur einen Aspekt betont haben. Kulturgeschichtlich gesehen ist es die Zeit des Barock und des Rokoko. Mit dem Blick auf die politische Geschichte hätte man die frühbürgerlichen Revolutionen, die Entfaltung des Absolutismus, die weltweite Kolonialisierung und die Herausbildung der Nationalstaaten, unter sozialökonomischem Aspekt das Entstehen des Manufakturkapitalismus hervorzuheben.

Hier, für eine Historiographie der Mathematik, ist jedoch die Wechselbeziehung mit der Geschichte der Naturwissenschaften von direktem Interesse, ebenso wie das Aufkommen neuer Organisationsformen der Wissenschaft, insbesondere die Begründung von wissenschaftlichen Zeitschriften und Akademien. Die Entwicklung der Grundgedanken der analytischen Geometrie verdankt man in der Hauptsache zwei französischen Gelehrten, dem Mathematiker Pierre de Fermat (1601–1665) und dem Philosophen René Descartes (1596–1650). Vor ihnen waren schon wesentliche Vorarbeiten geleistet worden: die Verwendung algebraischer Symbole hatte sich durchgesetzt, man kannte graphische Darstellungen veränderlicher Größen, und in Ballistik und Astronomie waren gekrümmte Kurven studiert worden. Gerade J. Kepler (1571–1630) hatte im Zusammenhang mit seinen astronomischen Studien wesentliche Beiträge zur Kegelschnittslehre geleistet. Aber erst durch Fermat und Descartes wurde eine einheitliche Methode zur Kegelschnittslehre entwickelt. Fermat schrieb die Abhandlung "Ad locos planos et solidos isagoge" (Einführung in die ebenen und räumlichen geometrischen Örter). 1637 erschien der berühmte philosophische "Discours de la méthode" (Abhandlung über die Methode) von Descartes, dessen dritter Teil, "La Géometrie", Grundprinzipien der analytischen Geometrie enthält.

Die Suche nach neuen Methoden der Flächen- und Inhaltsberechnung auf der Grundlage der Indivisiblenmethode bildete einen wesentlichen Ausgangspunkt der späteren Integralrechnung. Hier haben die großen Italiener Galileo Galilei (1564–1642), Evangelista Torricelli (1602–1647) und Bonaventura Cavalieri (1598?–1647), der deutsche Naturforscher Johannes Kepler, der Franzose de Roberval (1602–1675) und die Engländer James Gregory (1638–1675) und John Wallis (1616–1703) die bedeutendsten Beiträge geliefert. Zugleich enthielt das im Zusammenhang mit der Mechanik stehende Tangentenproblem Ansatzpunkte des differentiellen Denkens, noch unterstützt durch die um diese Zeit erfolgende Wiederbelebung der antiken atomistischen Vorstellungen. Die wesentlichsten Beiträge stammen hier von dem Niederländer Isaac Beeckman (1588–1637), von den Franzosen Blaise Pascal (1625–1662) und Pierre de Fermat und von dem Engländer Isaac Barrow (1630–1677), der u.a. als erster den gegenseitigen Zusammenhang von Tangentenproblem und Quadratur, nach moderner Sprechweise den von Differentiation und Integration erkannte. In den 70er Jahren des 17. Jhs. wurden schließlich zusammenhängende infinitesimale Methoden herausgearbeitet, und zwar unabhängig voneinander durch den überragenden englischen Naturforscher Isaac Newton (1643–1727) und durch den deutschen Philosophen und Mathematiker Gottfried Wilhelm Leibniz (1646–1716). Der sog. Fluxionsrechnung von Newton lag die Vorstellung von einer stetig ablaufenden Zeit zugrunde, von der alle sich ändernden Größen abhängen. Solche Variablen nannte Newton *"Fluenten"* (fließende Größen), ihre Geschwindigkeiten, d. h. ihre Ableitungen, *"Fluxionen"*. Dabei bezeichnete er mit einem darübergesetzten Punkt die Fluxion der zugehörigen Fluente. Dem Übergang von $x$ zu $\dot{x}$ entspricht dann die Differentiation, dem Übergang von $\dot{x}$ zu $x$ die Integration bzw. die Auflösung einer gewöhnlichen Differentialgleichung. Wohl war Newton zu einem tieferen physikalischen Verständnis der infinitesimalen Denkweisen vorgestoßen, aber die von Leibniz gewählten Bezeichnungen, wie etwa das Differentiationszeichen $d$ und das Integralzeichen $\int$, erwiesen sich als geschickter. Nachdem Leibniz zwischen 1682 und 1686 die wichtigsten seiner Ergebnisse publiziert hatte, setzten sich seine Bezeichnungen auf dem Kontinent rasch durch. Vor allem die aus Basel stammenden Brüder Jacob Bernoulli (1655–1705) und Johann Bernoulli (1667–1748) sowie der Franzose L'Hospital (1661–1704) wandten die Leibnizsche Methode auf viele neue Probleme der Mechanik an, entwickelten bereits die Grundzüge einer Theorie der gewöhnlichen Differentialgleichungen, fanden die Ansatzpunkte der Variationsrechnung und verfaßten die ersten Lehrbücher der Infinitesimalrechnung. Parallel mit den Methoden der Differentialrechnung und der Integralrechnung wurde die Theorie der unendlichen Potenzreihen durchgebildet. Newton verdankt man die eine zentrale Stellung einnehmende Binomialreihe; später fanden die Briten James Gregory (1638–1675), Colin Maclaurin (1698–1746) und Brook Taylor (1685–1731) wesentliche Ergänzungen.

Der Funktionsbegriff bildete sich im Zusammenhang mit dem Gebrauch des Wortes Variable sowohl als auch mit dem Entstehen der Infinitesimalrechrung heraus. Der Sprachgebrauch geht auf Leibniz zurück; im Lateinischen bedeutet functio, fungor, functio sum soviel wie ausführen, eine Verpflichtung erfüllen. Hatte Leibniz anfangs noch von einer "relatio" (Beziehung) zwischen den Koordinaten gesprochen, so tritt bereits 1673 die Wendung auf, daß "andere Arten von Linien in einer gegebenen Figur irgendeine Funktion verrichten" (lateinisch).

In Abhandlungen der Jahre 1692 und 1694 heißt es "functiones" bzw. (franz.) fonctions im allgemeinen Sinne, ebenso wie bei Jacob Bernoulli Ende 1694: Er sprach in Übereinstimmung mit Leibniz von "Größen, die irgendwie aus unbestimmten und konstanten Größen gebildet sind".

Eine erste explizite Definition des Funktionsbegriffes gab Johann Bernoulli, 1718. "Definition: Man nennt Funktion einer veränderlichen Größe eine Größe, die auf irgendeine Weise aus eben dieser veränderlichen Größe und Konstanten zusammengefaßt ist." (franz.). Auf ihn geht der Gebrauch des Funktionssymbols $\varphi$ zurück. Euler schreibt $f$ und $f(x)$, um die Abhängigkeit von einer bestimmten Variablen, $x$, festzustellen. Und Euler präzisiert: "Eine Funktion einer veränderlichen Größe ist ein analytischer Ausdruck, der in beliebiger Weise aus dieser veränderlichen Größe und aus Zahlen oder konstanten Größen zusammengesetzt ist" (lateinisch).

Gerade die Wendung "in beliebiger Weise" führte im 19. Jh. zu den Fragen, ob das Bild der Funktion beliebig sein könne, was "analytischer Ausdruck" heißen solle, ob trigonometrische Reihen in diesem Sinne Funktionen

| 1601 | Accademia dei Lincei (Akademie der Luchsäugigen) in Rom |
|------|---------------------------------------------------------|
| 1657 | Accademia del Cimento (Akademie der Experimente) in Florenz |
| 1662 | Royal Society in London durch königliches Privileg bestätigt |
| 1666 | Französische Akademie in Paris durch Colbert gegründet |
| 1687 | Deutschland: die "Leopoldina" mit wechselndem Sitz durch Privileg des deutschen Kaisers Leopold |
| 1700 | Preußische Akademie in Berlin, auf Initiative von Leibniz |
| 1725 | Russische Akademie in Petersburg, durch Zar Peter den Großen, mit Initiative von Leibniz |

Tabelle 3.10.3 Zum Umfeld der "Akademiegründungen"

definieren können. Die Diskussionen endeten um die Mitte des 19. Jh. mit der Verschärfung der Grundlagen der Analysis und einer Verallgemeinerung des Funktionsbegriffes durch N.I. Lobatschewski und Hermann Hankel (1839–1873) und mündeten schließlich in die Begründung der Mengenlehre ein.

Am Ende des 17. und Anfang des 18. Jhs. wurden in den ökonomisch fortgeschrittenen Feudalstaaten Europas – die frühen Akademien in Rom und Florenz konnten sich noch nicht behaupten – Akademien gegründet, so in London, Paris, St. Petersburg und Berlin. Diese vier wissenschaftlichen Zentren Europas stellten im 18. Jahrhundert auch Sammelpunkte der bedeutendsten Mathematiker dar. Newton war jahrzehntelang Präsident der Royal Society, in Paris wirkten u.a. d'Alembert (1717–1783), Alexis Claude Clairaut (1713–1765) und später der überragende Joseph Louis Lagrange (1736–1813), in Berlin Lagrange, Johann Heinrich Lambert (1728–1777) sowie der geniale Schweizer Mathematiker Leonhard Euler (1707–1783), der produktivste Mathematiker jenes Jahrhunderts. Euler lebte und arbeitete lange Jahrzehnte auch an der Petersburger Akademie, zusammen mit weiteren hervorragenden Gelehrten, z.B. dem Mathematiker und Physiker Daniel Bernoulli (1700–1782).

Die Akademien hatten das erhebliche Repräsentationsbedürfnis der Herrscher zu befriedigen; Mathematik und Naturwissenschaften waren in Mode gekommen, bei Hofe und in den Adelssalons. Andererseits aber konnten mit Hilfe der an den Akademien tätigen Gelehrten im Interesse des Feudalstaates liegende Probleme behandelt werden, die naturwissenschaftliche oder mathematische Methoden erforderten, für die Mathematik z.B. die kartographische und geodätische Erschließung der Schiffahrtswege und der Kolonialreiche, die Konstruktion verbesserter Kriegs- und Handelschiffe, Fortifikation, Wasserräder, Turbinen, Artilleriewesen u.a.m. Auf vielen dieser Gebiete hat z.B. auch Euler gearbeitet.

Zugleich aber entwickelten sich die theoretische Mathematik und die theoretische Mechanik rasch weiter. Die Lösungsmethoden der elementar integrierbaren gewöhnlichen Differentialgleichungen wurden systematisiert und erste, jedoch schon eingehende Studien über partielle Differentialgleichungen an Hand von Schwingungsproblemen (d'Alembert) und der Hydromechanik (Daniel Bernoulli) vorgenommen. Aufbauend auf der Behandlung der ersten Variationsprobleme durch Johann und Jakob Bernoulli stellte Euler die nach ihm benannte Differentialgleichung der Variationsrechnung auf; Lagrange entwickelte einen zugehörigen Kalkül. Durch Euler wurde die Reihenlehre weiter vervollkommnet; er führte im Zusammenhang mit Problemen der schwingenden Saiten trigonometrische Reihen ein, die dann später durch Joseph Fourier (1768–1830) gründlich studiert wurden.

Wohl war das 18. Jahrhundert das der stürmischen Entfaltung und des Ausbaus der infinitesimalen Methoden, daneben aber entwickelte sich auch die Algebra weiter. Viele ihrer Fortschritte, z.B. die Theorie der symmetrischen Funktionen, rührten von den - natürlich vergeblichen - Versuchen her, auch die allgemeinen Gleichungen höheren als 4. Grades in Radikalen aufzulösen. Aufbauend auf einem schon weit vorangetriebenen Beweisversuch von d'Alembert gab schließlich Gauß einen lückenlosen Beweis des Fundamentalsatzes der Algebra.

Neben der Weiterentwicklung der Algebra und den Fortschritten der Kombinatorik und der Wahrscheinlichkeitsrechnung sind besonders die Fortschritte in der Zahlentheorie bemerkenswert, hier leisteten u.a. Euler, Lagrange und Legendre (1752–1833) Pionierarbeit. Mit den 1801 publizierten "Disquisitiones arithmeticae" von Gauß erlangte die Zahlentheorie den Rang einer eigenständigen mathematischen Disziplin.

Naturwissenschaft und Mathematik machten in der gesamteuropäischen geistigen Bewegung der Aufklärung einen wesentlichen Inhalt aus, nachdem man das mechanische Weltbild in allen Einzelheiten rechnerisch zu beherrschen glaubte. Durch den französischen Aufklärungsphilosophen Voltaire, der in London bei der pompösen Beisetzungsfeierlichkeit von Newton anwesend war, gelangte die Newtonsche Gravitationstheorie auf den Kontinent und verdrängte die mechanistische Cartesische Wirbeltheorie. D'Alembert war einer der entscheidenden Mitarbeiter der Großen Französischen Akademie und stellte das nach ihm benannte Prinzip der Mechanik auf. Lagrange schließlich leistete die formale Vollendung der Mechanik mit den sog. Lagrangeschen Bewegungsgleichungen. Die so in mechanisch–philosophisch–materialistischem Geist betriebene Mathematik und Himmelsmechanik feierte Triumphe; von 1799 an erschien die berühmte fünfbändige Himmelsmechanik von Pierre Simon Laplace (1749–1827), in der nicht mehr das Wort Gott auftrat. Mit dem "Essai philosophique sur les probabilités" (Philosophische Abhandlung über die Wahrscheinlichkeiten) von 1814 formulierte Laplace darüberhinaus den klassischen mechanischen Determinismus.

| | | |
|---|---|---|
| 1288 | Leonardo von Pisa | Bruchstrich bei gewöhnlichen Brüchen |
| 1464 | Regiomantanus | Multiplikationspunkt |
| 1489 | Widman | Die Zeichen + und − im Druck, Wurzelhaken handschriftlich, im selben Jahr bei Rudolff im Druck |
| 1557 | Recorde | Gleichheitszeichen = |
| 1571 | Reinhold | Gradzeichen ° |
| 1585 | Stevin | Wurzelhaken mit danebengesetzten Exponenten: $\sqrt{3}$ (bedeutet $\sqrt[3]{\ }$); Dezimalbruchschreibweise |
| 1593 | Vieta | Ausgiebiger Gebrauch von eckigen und geschweiften Klammern |
| 1617 | Neper | Dezimalkomma |
| 1624 | Kepler | log für Logarithmus |
| 1629 | Girard | Wurzelhaken mit darübergesetzten Exponenten: $\sqrt[3]{\ }, \sqrt[4]{\ }$ |
| 1631 | Harriot | Ungleichheitszeichen $<, >$ |
| 1637 | Descartes | Potenzschreibweise $x^3, x^4$ |
| 1655 | Wallis | Unendlichzeichen $\infty$ |
| 1675 | Leibniz | $\int$ und $dx$ |
| 1679 | Leibniz | Überstreichen von Buchstaben |
| 1684 | Leibniz | Buchstaben mit Indizes |
| 1693 | Leibniz | Determinantenähnliche Ausdrücke; Multiplikationspunkt; Proportionenschreibweise $a : b = c : d$ |
| 1694 | Joh. Bernoulli | Funktionssymbole |
| 1734 | Euler | Funktionsschreibweise $f(x)$ |
| 1736 | Euler | $\pi$ |
| 1739 | Euler | $e$ für Grenzwert $\lim\limits_{n \to \infty} (1 + \frac{1}{n})^n$ |
| 1750 | Cramer | Determinantenschema |
| 1753 | Euler | Symbole sin, cos |
| 1755 | Euler | Summenzeichen $\sum$, Differenzzeichen $\Delta$ |
| 1777 | Euler | Symbol $i$ (für $\sqrt{-1}$) |
| 1816 | Crelle | Einheitlicher Gebrauch von $\alpha, \beta, \gamma$ für Dreieckswinkel |

Tabelle 3.10.4: Entstehungszeit einiger heutiger mathematischer Symbole (angelehnt an J. Tropfke)

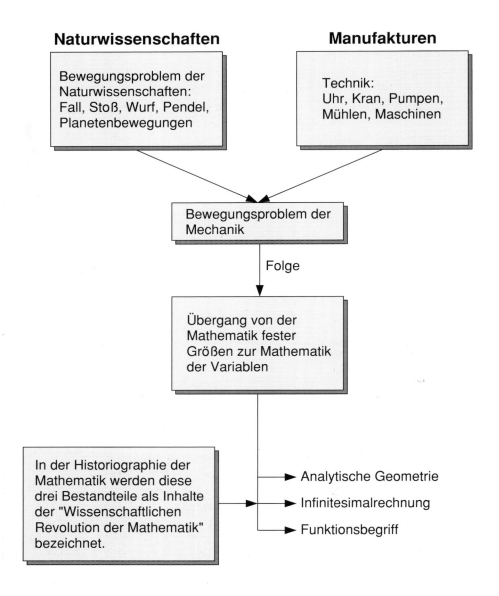

Abbildung 3.2  Die wissenschaftliche Revolution in der Mathematik als Bestandteil der Wissenschaftlichen Revolution des 17./18. Jahrhunderts

# 3.11 Mathematik im 19. Jahrhundert

| | |
|---|---|
| | 1789 Lavoisier veröffentlicht ein neues chemisches System |
| | 1805 Programmgesteuerter Webautomat (Jacquard) |
| | 1809 Cuvier:"Philosophie zoologique" |
| 1815 Ende der Napoleonischen Kriege, 1814/15 Wiener Kongreß | 1819 Das erste Dampfschiff überquert den Atlantischen Ozean |
| | 1825 Erste öffentliche Eisenbahnlinie in England |
| | 1826 Wöhler: Harnstoffsynthese |
| 1848/49 Kette bürgerlicher Revolutionen in Europa | 1846 Entdeckung des Planeten Neptun (Le Verrier) |
| 1851 Erste Weltausstellung in London | 1851 Pendelversuch von Foucalt |
| | 1856 Mendelsche Versuche zur Vererbung |
| 1860/61 Italien einheitlicher Nationalstaat | 1859 Darwin publiziert zur Entstehung der Arten |
| 1861/65 Sezessionskrieg in den USA | 1866 Nobel erfindet Dynamit. W. Siemens: dynamoelektrisches Prinzip |
| 1866 Preußisch-Österreichische Krieg | 1867 Marx: "Das Kapital" |
| 1868/69 Meiji-Restauration, Japan wird moderner Staat | 1869 Periodisches System der Elemente. Eröffnung des Suez-Kanals |
| 1870/71 Deutsch-Französischer Krieg, Begründung des deutschen Kaiserreiches | 1870 Rockefeller gründet Standard Oil Company |
| | 1875 Internationale Meterkonvention |
| | 1876 Telephon (Bell) |
| | 1878 Erstes elektrisches Energieversorgungssystem (Edison) |
| | 1882 Koch entdeckt Tuberkelbazillus |
| | 1886 Patentmotorwagen von Benz |
| | 1887 Daimlers Motorwagen |
| | 1895 Röntgen entdeckt X-Strahlen |
| | 1896 Becquerel entdeckt Radioaktivität |
| 1905/07 Bürgerliche Revolution in Rußland | 1898 Marie und Pierre Curie finden die Elemente Polonium und Radium |
| 1914/18 Erster Weltkrieg | 1903 Erste Motorflüge: Gebrüder Wright |

Tabelle 3.11 Zum 19. Jahrhundert

Die Ende des 18. Jhs. zunächst in England und Frankreich einsetzende Industrielle Revolution, die in den 20er Jahren des 19. Jhs. auch auf die USA und Deutschland und später nach Osteuropa übergriff, erhöhte in den europäischen Staaten des Kapitalismus und in den USA sprunghaft die gesellschaftlichen Anforderungen an die Naturwissenschaften und an die Mathematik. In steigendem Maße wurden für Erweiterung und Neuorganisation der Produktion im Fabriksystem Ingenieure mit bedeutenden mathematischen und naturwissenschaftlichen Kenntnissen benötigt. Als erste moderne Ausbildungsstätte solcher Fachkräfte wurde während der Großen Französischen Revolution die Pariser École Polytechnique begründet, unter führender Beteiligung der Mathematiker Monge (1746–1818) und Lagrange. Die Pariser Ingenieurschule stellte im ersten Drittel des 19. Jahrhunderts das mathematisch-naturwissenschaftliche Zentrum Europas dar; an ihr wirkten neben den führenden Naturwissenschaftlern auch die herausragenden Mathematiker Frankreichs, u. a. Lagrange, Monge, Laplace, Poisson (1781–1840), Cauchy (1789–1857) und Poncelet (1788–1868). Nach Pariser Vorbild wurden in ganz Europa und den USA während des ersten Drittels des 19. Jhs. polytechnische Schulen gegründet; aus ihnen sind die späteren Technischen Hochschulen hervorgegangen. Daneben kam es zu einer Welle von Universitätsneugründungen, viele von ihnen gleich anfangs mit einer starken mathematisch–naturwissenschaftlichen Komponente.

Schon während der Industriellen Revolution und dann verstärkt in der zweiten Hälfte des 19. Jhs. trat eine Gruppe neuer Wissenschaften hervor, die der Ingenieur – oder technischen Wissenschaften. Sie bildeten sich im Berührungsfeld zwischen den Naturwissenschaften und der Technik heraus und hatten wissenschaftliche Probleme vor sich, die noch bis zu Ausgang des 18. Jahrhunderts weitgehend auf empirischer oder halbempirischer Grundlage behandelt worden waren. Auch von hier aus ergingen starke Forderungen an die Mathematik, insbesondere seitens der Konstrukteure an die Darstellende Geometrie sowie an die Methoden der Analysis.

Auf der Basis der von Lagrange, Jacobi (1804–1851) und Hamilton (1805–1865) entwickelten theoretischen Mechanik wurden nun reale mechanische Systeme unter Berücksichtigung der Reibung studiert. Eine breite Palette praktischer Probleme wurde so mathematischer Behandlung unterworfen. Kolbenmotoren, Pumpen, Regulatoren, Turbinen, Gebläse, elektrische Maschinen, Werkzeugmaschinen, Maschinengetriebe, Schwingräder, Bauwerks- insbesondere Brückenstatik, Kraftübertragung, Torsion, Knickfestigkeit, Lagerreibung, Seil- und Kettenantrieb, Fahrzeugbau, Schienenführung, Bremsen, Lokomotivbau, Schiffsschwingungen, Schwingungsdämpfung, Förderanlagen und vieles andere mehr.

Von dort ergingen wesentliche Impulse an die Theorie der gewöhnlichen und partiellen Differentialgleichungen, Potentialtheorie, Variationsrechnung sowie numerische Methoden der Analysis.

Interessant ist auch der Prozeß der mathematischen Durchdringung der Physik, die schließlich in die Etablierung der mathematischen Physik als neuer

Disziplin einmündete und theoretische Mechanik, kinetische Gastheorie, Thermodynamik, Maxwells mathematische Formulierung des Elektromagnetismus und der Lichttheorie, die Diskussion um die Äthertheorie u.a.m. umfaßte. Mit der Entdeckung der Radioaktivität, der Anerkennung des Feldes als Existenzform der Materie, der Entdeckung des Wirkungsquantums und Einsteins Relativitätstheorie vollzog die Physik um die Jahrhundertwende eine wissenschaftliche Revolution ihrer Grundlagen, die über die von Galilei und Newton geprägte klassische Physik weit hinausging.

Für Deutschland, das gegen Ende des 19. Jh. eine führende Stellung in Mathematik und Naturwissenschaft erreichen konnte, wirkten sich das von Wilhelm von Humboldt (1767–1835) vertretene Bildungsideal und die auf einer Verflechtung von Lehre und Forschung beruhende Universitätsreform ungemein förderlich aus. In vielen Staaten, auch in Deutschland, wurde Mathematik zu einem selbständigen Fach bei der Lehrerausbildung.

Am Ende des 19., Anfang des 20. Jahrhunderts bot sich die Mathematik als eine in allen industrialisierten Staaten der Erde hochentwickelte und hochgeschätzte wissenschaftliche Fachrichtung dar. Rasch war die Zahl der Mathematiker gestiegen. Eine Vielzahl von Fachzeitschriften veröffentlichte eine ständig steigende Anzahl von Forschungsergebnissen und Anwendungen der Mathematik. Es gab Gesellschaften und Vereinigungen von Mathematikern auf nationaler Ebene; seit 1897 wurden internationale Mathematikerkongresse durchgeführt. Noch vor der Jahrhundertwende begann die Herausgabe der großangelegten vielbändigen "Encyklopädie der mathematischen Wissenschaften“. Ein internationales Autorenkollektiv stellte dort nicht nur die reine Mathematik dar, sondern auch deren Anwendungen auf Mechanik, Physik, Astronomie, Geodäsie und verschiedene Zweige der Technik.

Die Analysis entwickelte sich während des 19. Jahrhunderts nach Tiefe und Breite. Die Verschärfung der Grundlagen der Analysis, die scharfe begriffliche Fixierung der Grenzübergänge in der Infinitesimalrechnung und die Herausarbeitung des Zahlbegriffes sind teilweise aus dem Unterrichtsbetrieb der Pariser polytechnischen Schule hervorgegangen und von A. L. Cauchy, dem böhmischen Philosophen B. Bolzano (1781–1848), dem Norweger N. H. Abel (1802–1829), den russischen Mathematikern M. Ostrogradski (1801–1886) und P. Tschebyschew (1821–1894) sowie von den Deutschen C. F. Gauß (1777–1855), P. G. Lejeune-Dirichlet (1805–1859), K. Weierstraß (1815–1897), B. Riemann (1828–1866) und R. Dedekind (1831–1916) geleistet worden. Unter bewußtem Verzicht auf die Anschauung wurden Stetigkeit, Differenzierbarkeit, Integrierbarkeit u.a. von Funktionen sowie die Begriffe Konvergenz und Grenzwert in der $\epsilon$-$\delta$-Sprache formuliert, konnte die entscheidende Rolle des Begriffes der gleichmäßigen Konvergenz in der Theorie der Reihen herausgearbeitet werden, wurde die Integralrechnung unabhängig von der Differentialrechnung (nicht mehr als deren bloße Umkehr) begründet, wurde die Rolle von Existenzsätzen für Lösungen von Differentialgleichungen und Variationsproblemen erkannt, konnte auf der Grundlage der gegen Ende des Jahrhunderts entwickelten Mengen- und Maßtheorie der Riemannsche Integralbegriff erweitert (Stieltjes- und Lebesgue-Integral) werden und so der Analysis, auch ihren höheren Gebieten, sichere Grundlagen gegeben werden.

Mit dem Ausbau in die Tiefe, also der Verschärfung der Grundlagen, erweiterte sich der Umfang der Analysis ganz außerordentlich: Differentialgeometrie (durch Monge, Gauß, Dupin (1784–1873) und Riemann), Potentialtheorie (insbesondere durch Gauß und G. Green (1793–1841)), Theorie der Integralgleichungen (durch Abel und den Italiener V. Volterra (1860–1940)) und andere Teilgebiete wurden zu selbständigen mathematischen Diziplinen. Durch Weierstraß wurde die Rolle der analytischen Funktionen deutlich herausgearbeitet, und die russische Mathematikerin S. Kowalewskaja (1850–1891) lieferte Existenzsätze in der Theorie der partiellen Differentialgleichungen. Ganz besonders fruchtbar für Theorie und Praxis der Mathematik erwies sich das Studium der Funktionen komplexer Veränderlicher, die Funktionentheorie. Auch hier waren Cauchy, Riemann und Weierstraß Schrittmacher und Entdecker sehr tiefliegender mathematischer Zusammenhänge.

Das 19. Jahrhundert ist in der Historiographie der Mathematik gelegentlich als "Jahrhundert der Geometrie" bezeichnet worden, nicht zu Unrecht.

Zu Beginn des 19. Jhs. setzte sich eine neue Auffassung vom Wesen und der Zielstellung der Geometrie durch. Der herkömmliche kartesische Koordinatenbegriff wurde wesentlich erweitert: homogene Koordinaten wurden durch A. F. Möbius (1790–1868), Linien- und Ebenenkoordinaten durch J. Plücker (1801–1868) eingeführt. 1822 veröffentlichte J.-W. Poncelet (1788–1867) eine Darstellung der projektiven Geometrie; der Schweizer Mathematiker J. Steiner (1796–1863) wurde zum Hauptvertreter der synthetischen Geometrie. Auf Grund der tiefliegenden Untersuchungen von Möbius, des Deutschen H. Graßmann (1809–1877) und des Iren W. R. Hamilton (1805–1865) wurden im Laufe des 19. Jhs. die Vektor- und Tensorrechnung aufgebaut. Durch O. Hesse (1811–1874) und A. Clebsch (1833–1872) in Deutschland und Fr. Brioschi (1824–1897) in Italien wurde die Invariantentheorie entwickelt, wurde die analytische Geometrie mit algebraischen Methoden untersetzt und wurden die Grundlagen der algebraischen Geometrie geschaffen.

Besonders aber die Entwicklung und die nachfolgende Anerkennung der nichteuklidischen Geometrien zeigen den tiefgehenden Bruch mit den Auffassungen des 18. Jhs. Aus den seit der Antike andauernden und am Ende des 18. Jhs. sich häufenden, vergeblichen Versuchen, das fünfte euklidische Postulat von der

Existenz genau einer Parallelen zu einer Geraden durch einen nicht auf ihr liegenden Punkt, das Parallelenpostulat, mit Hilfe der anderen vier zu beweisen, zog Gauß als erster den Schluß, daß das Parallelenpostulat von den anderen vier unabhängig ist und daß es daher möglich ist, eine Geometrie mit einem dem Parallelenpostulat widersprechenden anderen Axiom aufzubauen. Doch scheute sich Gauß, seine Ergebnisse zu publizieren und beschränkte sich auf Andeutungen gegenüber seinen Freunden. Unabhängig von Gauß hat der junge Ungar J. Bolyai (1802–1860), Sohn von F. Bolyai (1775–1856), einem Jugendfreund von Gauß, wesentliche Ergebnisse zur nichteuklidischen Geometrie gefunden und 1832 publiziert, vermochte aber keine Anerkennung zu finden. Der russische Mathematiker N. Lobatschewski (1793–1856) war ebenfalls selbständig zur nichteuklidischen Geometrie gekommen und hatte 1829 als erster den Schritt der Veröffentlichung seiner Ergebnisse zur nichteukidischen Geometrie getan, die allerdings im starken Gegensatz zur damals vorherrschenden Philosophie Kants stand, in dessen System die euklidische Geometrie als denknotwendig galt. Die endgültige Anerkennung beider Typen der nichteuklidischen Geometrie, der hyperbolischen und der elliptischen, erfolgte erst gegen Ende des 19. Jhs., nachdem Modelle beider Typen angegeben worden waren. Dazu trat die von Riemann entwickelte Theorie der quadratischen Differentialformen, die Anfang des 20. Jhs. in der Relativitätstheorie A. Einsteins (1879–1955) zu außerordentlicher Wichtigkeit gelangte.

Die Fülle der im Laufe des 19. Jhs. neu entdeckten geometrischen Tatsachen und Methoden, unter der die Übersicht über das riesige Gebiet der Geometrie fast verloren zu gehen drohte, ist dann am Ende des Jahrhunderts im Anschluß an das von dem Deutschen F. Klein (1849–1925) aufgestellte sog. Erlanger Programm mit Hilfe der inzwischen entwickelten gruppentheoretischen Denkweise begrifflich bewältigt worden. Jede spezielle Geometrie ist die Invariantentheorie einer besonderen Transformationsgruppe. Die Theorie der stetigen Transformationsgruppen wurde von dem Norweger S. Lie (1842–1899) ausgearbeitet und erlangte durch ihn große Bedeutung in der Anwendung auf die Lösungstheorie der Differentialgleichungen. Sogar die damals noch in den Anfängen steckende Topologie konnte logisch eingeordnet werden als Invariantentheorie der stetigen Punkttransformationen; die Topologie ist dann später z.B. von dem auf vielen mathematischen Gebieten herausragenden französischen Mathematiker H. Poincaré (1854–1912) wesentlich gefördert worden.

Auch in Zahlentheorie und Algebra begann das 19. Jh. mit einer deutlichen Neuorientierung. Die Gaußschen "Disquisitiones arithmeticae" von 1801 enthalten u.a. die schon 1796 von ihm gefundene Konstruierbarkeit des regulären 17-Ecks und die Aufgabe der Klasse aller mit Zirkel und Lineal konstruierbaren regulären Polygone, die Theorie der Kongruenzen, die Theorie der quadratischen Formen und viele Grundideen, die die spätere strukturelle Denkweise inhaltlich vorwegnehmen. Durch die Autorität von Gauß fanden auch die komplexen Zahlen volle Anerkennung in der Mathematik. Im Anschluß an Gauß und den französischen Mathematiker M. M. Legendre (1752–1833) wurden die multiplikative und die analytische Zahlentheorie von Dirichlet und Riemann weiterentwickelt.

Während des 17. und 18. Jhs. war versucht worden, ebenso wie die Gleichungen bis zum Grade vier, auch die allgemeinen algebraischen Gleichungen höheren Grades in Radikalen aufzulösen. Gauß sprach 1801 die Vermutung aus, daß dies unmöglich sei. Der Norweger N. H. Abel gab 1824 einen ersten strengen, vollständigen Beweis für die Gleichungen 5. Grades ohne Kenntnis des weitgehend richtigen Beweisversuches aus dem Jahre 1799 von P. Ruffini (1765–1822). Den tiefsten Einblick in die Struktur der Lösungsverhältnisse algebraischer Gelichungen erzielte um 1830 der hochbegabte, sehr jung in einem Duell getötete Franzose E. Galois (1811–1832), indem er jeder Gleichung eine Permutationsgruppe zuordnete, aus deren Struktur die Lösbarkeitsverhältnisse der Gleichung ablesbar sind. Diese Galoissche Theorie, durchgebildet u. a. von dem Franzosen C. Jordan (1838–1922), führte zusammen mit den Entwicklungen der Zahlentheorie und der Theorie der Transformationsgruppen um 1885 zur Herausbildung des abstrakten Gruppenbegriffs als erster axiomatisch fixierter algebraischer Struktur. Aus der Untersuchung der Primelemente in algebraischen Zahlkörpern erwuchs durch E. E. Kummer (1810–1893), L. Kronecker (1823–1891) und R. Dedekind in Deutschland z. B. die Idealtheorie. Diese Entwicklungsrichtung mündete dann gegen Ende des Jahrhunderts ein in tiefgreifende Untersuchungen der allgemeinen Körpertheorie und die Neubestimmung eines abstrakten Zahlbegriffes, u. a. durch den Italiener G. Peano (1858–1939), durch den überragenden D. Hilbert (1862–1943) und durch E. Steinitz (1871–1928).

Zu Beginn der 70er Jahre begann der deutsche Mathematiker G. Cantor (1845–1918) mit einer Serie von Abhandlungen zur Mannigfaltigkeitslehre, in denen insbesondere die Theorie der Punktmengen und der transfiniten Zahlen entwickelt wurden. Jedoch erst in den späten 90er Jahren erlangte die allgemeine Mengenlehre die ihr angemessene Beachtung und schließlich, trotz schwieriger erkenntnistheoretisch-logischer Probleme, zu Anfang des 20. Jhs. allgemeine Anerkennung.

# 3.12 Mathematik im 20. Jahrhundert

| | |
|---|---|
| | 1900 Planck: Quantentheorie |
| | 1901 Erste Nobelpreise für Physik (Röntgen), Chemie (van't Hoff) und Medizin (v. Behring) |
| 1905 Russisch-japanischer Krieg | 1905 Einstein: spezielle Relativitätstheorie, Entdeckung des Photons |
| | 1913 Atommodell von Bohr |
| 1914/18 1. Weltkrieg | 1914 Eröffnung des Panama-Kanals |
| 1917 Oktoberrevolution in Rußland | 1919 Atomzertrümmerung (Rutherford) |
| | 1920 öffentlicher Rundfunk in den USA |
| | 1922 Entdeckung des Insulins; Gründung der BBC |
| | 1924 Unbestimmheitsrelation (Heisenberg) |
| 1933 Hitler Reichskanzler in Deutschland | 1928 Feldtheorie Einsteins |
| | 1934 Entdeckung des Neutrons (Chadwig). Künstliche Radioaktivitat (I. Curie; F. Joliot) |
| | 1936 öffentliches Fernsehen (elektronisch, Braunsche Röhre) überträgt die Berliner Olympiade |
| 1939/45 2. Weltkrieg | 1938 Spaltung des Urankerns (Hahn, Straßmann) |
| | 1941 der erste funktionsfähige programmgesteuerte elektromagnetische Relaisrechner (Zuse, Deutschland) |
| | 1944/45 Beginn der Großproduktion von Rechnern mit Elektronengehirnen (ENIAC, USA) |
| 1945 Gründung der UNO | 1945 Militärischer Einsatz der Atombombe gegen Japan |
| 1946 UNESCO nimmt ihre Arbeit auf | 1952 DNS (Vererbungstheorie Watson, Crick) |
| | ab 1955 zweite Generation der Computer auf Transistorenbasis (USA) |
| | 1957 erster künstlicher Satellit (Sputnik, UDSSR) |
| | 1961 erster bemannter Raumflug (UDSSR) |
| | ab 1965 dritte Generation der Computer, mit integrierten Schaltkreisen |
| | 1969 erstmals Menschen auf dem Mond (USA) |
| | ab 1975 vierte Computergeneration, mit Mikroprozessoren |

Tabelle 3.12.1 Zum 20. Jahrhundert

Im August des Jahres 1900 hielt D. Hilbert auf dem 2. Internationalen Mathematiker Kongreß in Paris den berühmt gewordenen Vortrag "Mathematische Probleme". Dort formulierte er, im Vollgefühl des Erreichten, 23 mathematische Probleme, die, wie sich bestätigen sollte, fast durchgängig tatsächlich Zentralfragen der Mathematik des 20. Jahrhunderts darstellten, eine ganz ungewöhnlich gute Prognose!

In der Rede heißt es unter anderem: *"Die hohe Bedeutung bestimmter Probleme für den Fortschritt der mathematischen Wissenschaft im allgemeinen und die wichtige Rolle, die sie bei der Arbeit des einzelnen Forschers spielen, ist unleugbar. Solange ein Wissenszweig Überfluß an Problemen bietet, ist er lebenskräftig; Mangel an Problemen bedeutet Absterben oder Aufhören der selbständigen Entwicklung."*

Nicht nur, daß die Mathematik des 20. Jhs. eine Überfülle darbot, auch im Umfang der Betätigung einer zur Weltwissenschaft gewordenen Disziplin gab es eine nahezu explosionsartige Entwicklung, die einherging mit der Herausbildung neuer mathematischer Teildisziplinen und einer zu Hilberts Zeit noch unvorhersehbaren Erweiterung des Anwendungsbereiches.

Die Zahl der Mathematiker und der sich der Mathematik bedienenden Wissenschaften verdoppelten sich seit 1900 etwa alle 10 bis 15 Jahre und wurde – trotz vieler Verluste an Menschen und wissenschaftlichen Einrichtungen – auch durch die beiden Weltkriege nicht wesentlich unterbrochen. Ungefähr alle 10 Jahre verdoppelte sich die Zahl der mathematischen Publikationen; Ende der 80er Jahre wurden auf der Erde ungefähr 25 000 mathematische Forschungsarbeiten jährlich referiert, nicht mitgerechnet jene erhebliche Zahl an Originalarbeiten, die militärischer oder industrieller Geheimhaltung unterliegen. Dazu kommen schließlich noch die Darstellungen des bekannten Stoffes in Lehrbüchern, Lehrbriefen, Schulbüchern und in Fachzeitschriften für Naturwissenschaftler aller Fachrichtungen, Lehrer, Ingenieure und Ökonomen. In Anbetracht dieser Fülle dürfte es keinen Mathematiker mehr geben, der – wie noch Hilbert – wenigstens in großen Umrissen die Haupttendenzen mathematischer Entwicklung auf allen Teilgebieten doch immerhin verstehend verfolgen kann.

In einer ähnlich schwierigen Lage ist die Historiographie der Mathematik des 20. Jahrhunderts. Hier stehen nur auf Teilgebieten schlüssige historische Aussagen zur Verfügung, die über bloße Aufzählungen von Ergebnissen hinausgehen.

Nach dem zweiten Weltkrieg gab es – soweit läßt sich feststellen – einen erneuten Aufschwung mathematischer Aktivitäten, verbunden mit einer Verschiebung der Schwerpunkte der inhaltlichen Orientierung, sowohl hinsichtlich der Grundlagenforschung als auch in Verbindung mit der stürmischen Fortentwicklung der maschinellen Rechentechnik.

So gibt es eine Anzahl von Hauptarbeitsrichtungen, die zwar schon im 19. Jahrhundert oder im frühen 20. Jh. angelegt wurden, deren volle Ausprägung aber erst im 20. Jh. erfolgt ist. Daneben gibt es mathematische Disziplinen, die erst in jüngster Zeit entstanden sind und überraschende Anwendungen gefunden haben oder aber direkt aus den Forderungen der Praxis hervorgangen sind.

Jener ersten Gruppe kann man zurechnen die Strukturmathematik, die allgemeine Algebra, die Wahrscheinlichkeitsrechnung und das Eindringen stochastischer Betrachtungsweisen in viele Gebiete der Mathematik, die mengentheoretische Durchdringung der gesamten Mathematik, die Funktionalanalysis, die mathematische Logik, die Topologie, die Umgestaltung der numerischen Methoden durch das gestiegene Leistungsvermögen der modernen Rechenanlagen, die außerordentlich enge Verbindung von Mathematik und Physik in großen Bereichen der theoretischen Physik.

Zu jener zweiten Gruppe neuer mathematischer Disziplinen gehören die Spieltheorie und das Operations Research, deren Fragestellungen auf ökonomische und militärische Probleme zurückgehen. Aus der Zusammenarbeit von Ingenieuren, Physikern und Mathematikern ist die Informationstheorie hervorgegangen. Einigen dieser neuen Disziplinen ist einerseits die enge Nachbarschaft zur Wahrscheinlichkeitsrechnung eigentümlich; andererseits hängen ihre realen Anwendungsmöglichkeiten in Wissenschaft, Ökonomie und Industrie sehr stark vom Leistungsvermögen der zur Verfügung stehenden Rechenanlagen ab. In jüngster Zeit ziehen fraktale Methoden und Chaostheorie sowie Scientific Computing viel Aufmerksamkeit auf sich.

Doch sollte man mit Blick auf die neuere Entwicklung nicht die Tatsache verkennen, daß auch die früheren traditionellen, sozusagen klassischen Disziplinen der Mathematik des 19. Jhs. weiter ausgebaut wurden und eine ungeheure inhaltliche Bereicherung erfuhren. Charakteristisch für die heutige Zeit ist eher der Umstand, daß die Grenzen zwischen den einzelnen mathematischen Teildisziplinen fließend geworden sind und an deren Berührungsflächen neue und interessante Problemgruppen und Forschungsgebiete entstehen.

Es gibt zahlreiche Versuche, den Standort der Mathematik in einer sich überaus rasch ändernden Welt zu beschreiben; aus der Sicht eines rezenten Mathematikers, aus historischer Sicht, aber auch auf Grund von Berichten offiziell eingesetzter Studiengruppen. Stellvertretend sei hier zum Schluß der Betrachtungen über die Mathematik des 20. Jhs. aus einem Vortrag (im Mathematischen Forschungsinstitut Oberwolfach 1984) eines amerikanischen Mathematikers Peter D. Lax zitiert, der sich seinerseits auf einen 1984 in den USA erarbeiteten Bericht (sog. "David-Report") zur Erneuerung der Mathematik in den USA stützte. Es heißt dort:

*"Die Mathematik gewinnt zunehmend an Bedeutung für Naturwissenschaften, Technik und Gesellschaft. Paradoxerweise nahm die Bereitschaft, Forschungsarbeiten zu unterstützen ab, obwohl sich die Anwendungsmöglichkeiten der Mathematik in den vergangenen Jahrzehnten explosionsartig entwickelt haben. Derzeit sind die Möglichkeiten, in der mathematischen Forschung Fortschritte zu erzielen, so groß wie nie zuvor. Um diese Chance zu nutzen, sind neue Programme notwendig, um graduierten Studenten, angehenden Wissenschaftlern und Professoren zusätzlich Zeit zum Forschen zur Verfügung zu stellen.*

*Obwohl sich die beiden letzten Punkte besonders auf die Situation in den Vereinigten Staaten beziehen, vermute ich, daß die Verhältnisse in anderen Ländern ähnlich sind.*

*Viele – wenn auch nicht alle – Anwendungen und Möglichkeiten der Mathe-*

*matik, von denen der David-Report spricht, wurden durch sehr schnelle Computer mit großen Speichern ermöglicht. Dies führte zu zwei bemerkenswerten Entwicklungen in Naturwissenschaften und Technik: Experimente wurden systematisch durch mathematische Modelle ersetzt. Gleichzeitig bot sich die Möglichkeit, riesige Dateimengen zu speichern, zu verarbeiten und mit subtilen mathematischen Methoden bisher unzugängliche Informationen herauszuarbeiten.*

*Es ist nicht weiter verwunderlich, daß mathematische Modelle viele Experimente ersetzt haben. In den meisten Fällen sind sie billiger, vielseitiger und sicherer. Konstruiert man zum Beispiel Flugzeugteile mit Hilfe eines Windkanals, so muß in der Werkstatt ein neues Modell gebaut werden, um Veränderungen zu testen. Ein mathematisches Modell hingegen kann mit einem Tastendruck und der Eingabe neuer Parameter verändert werden. Jedes moderne Flugzeug, das heute in der Luft ist, ist ein Produkt von Computer–Aided–Design.*

*Es gibt viele andere Vorhaben, die ohne Computer nicht denkbar wären. So etwa die Entwicklung moderner Kernspaltungs-, Fusions- oder chemischer Reaktoren. Ein besonders beeindruckendes Beispiel ist, wie Charles Peskon die Wirksamkeit einer Anzahl künstlicher Herzklappen testete, indem er den Durchfluß des Blutes durch die linke Kammer des schlagenden Herzens auf einem Computer simulierte.*

*Ähnlich viele Beispiele können auch für die zweite bemerkenswerte Entwicklung, die der Computer mit sich brachte, gegeben werden. So etwa die Speicherung und Verarbeitung von Daten in meteorologischen, ozeanographischen und astronomischen Beobachtungsprogrammen. Ein hervorragendes Beispiel ist die Computertomographie. Hierbei wird eine große Anzahl von Röntgenbildern von Teilen des menschlichen Körpers aufgenommen und gespeichert. Ein subtiler Algorithmus ermöglicht die Rekonstruktion der wirklichen Gestalt der inneren Organe.*

*Die Computertomographie und ihre jüngeren Verwandten wie die Kernmagnetische Resonanz und Emissionstomographie wurden in den Medien beschrieben, und auf ihre Bedeutung wurde ausführlich hingewiesen. Es ist schade, daß die Medien nicht auch erwähnten, wieviel Mathematik nötig ist, damit die Tomographie funktioniert.*

*Angewandte und reine Mathematik sind heute enger miteinander verbunden als zu jeder anderen Zeit in den vergangenen siebzig Jahren.*

*Die Teilung in reine und angewandte Mathematik ist ein neues und vorübergehendes Phänomen. Für Poincaré, Hamilton, Maxwell, Stokes, Kelvin, Rayleigh, Boole, Gauß, Riemann, Klein, Hilbert und Gibbs gab es keine solche Teilung. Gauß, der Pinceps Mathematicorum, war auch der Princeps Calculatorum."*

| | | | |
|---|---|---|---|
| Lars Ahlfors | 1936 | Kunihiko Kodaira | 1954 |
| Michael Atiyah | 1966 | Grigorij Margulis | 1978 |
| Alan Baker | 1970 | John Milnor | 1962 |
| Enrico Bombieri | 1974 | David Mumford | 1974 |
| Paul Cohen | 1966 | Sergej Nowikow | 1970 |
| Alan Connes | 1982 | Daniel Quillen | 1978 |
| Pierre Deligne | 1978 | Klaus Roth | 1958 |
| Simon Donaldson | 1986 | Laurent Schwartz | 1950 |
| Jesse Douglas | 1936 | Atle Selberg | 1950 |
| Gerd Faltings | 1986 | Jean–Pierre Serre | 1954 |
| Charles Fefferman | 1978 | Stephan Smale | 1966 |
| Michael Freedman | 1986 | René Thom | 1958 |
| Alexander Grothendiek | 1966 | John Thompson | 1970 |
| Heisuke Hironoka | 1970 | William Thurston | 1982 |
| Lars Hörmander | 1962 | Yau Shing–Tung | 1982 |

Tabelle 3.12.2: Fieldsmedaillenträger (nach Lexikon bedeutender Mathematiker; Ed. S. Gottwald, H.-J. Ilgauds, K.-H. Schlote, Leipzig 1990). Die Fieldsmedaille (gestiftet von dem kanadischen Mathematiker John Charles Fields), seit 1939 verliehen von der Internationalen Mathematischen Union an Mathematiker, die nicht älter als 40 sein dürfen.

| | | | |
|---|---|---|---|
| 1897 | Zürich | 1954 | Amsterdam |
| 1900 | Paris | 1958 | Edinburgh |
| 1904 | Heidelberg | 1962 | Stockholm |
| 1908 | Rom | 1966 | Moskau |
| 1912 | Cambridge (U.K.) | 1970 | Nizza |
| 1920 | Strasbourg | 1974 | Vancouver |
| 1924 | Toronto | 1978 | Helsinki |
| 1928 | Bologna | 1983[1] | Warschau |
| 1932 | Zürich | 1986 | Berkeley |
| 1936 | Oslo | 1990 | Kyoto |
| 1950 | Cambridge (USA) | 1994 | Zürich |

Tabelle 3.12.3 Orte der Internationalen Mathematikerkongresse

---

[1]statt 1982

# Literaturangaben

Für diesen Überblick, für diesen Streifzug durch die ganze Geschichte der Mathematik werden nur Gesamtdarstellungen angegeben; sie enthalten ihrerseits im allgemeinen weiterführende Literatur zu den verschiedenen Perioden, zu verschiedensten Aspekten, zu Problemkreisen.

## Gesamtdarstellungen:

[1] Cantor, M.: Vorlesungen über Geschichte der Mathematik. Leipzig. Bd. 1, 3. Aufl. 1907; Bd. 2, 2. Aufl. 1899/1900; Bd. 3, 2. Aufl. 1900/1901; Bd. 4, 1908

[2] Smith, D. E.: History of Mathematics. 2 Bde. New York 1925. Reprint 1958

[3] Tropfke, J.: Geschichte der Elementarmathematik. 7 Bände, Bd. 1–4, 3. Aufl. Berlin 1930/40; Bd. 5–7, 2. Aufl. Berlin 1921–1924; Bd. 1., 4. Aufl. Berlin/New York 1980

[4] Hofmann, J. E.: Geschichte der Mathematik. Bd. 1, 2. Aufl. 1963, Bd. 2 und Bd. 3, Berlin 1957

[5] Kline, M.: Mathematical Thought from Ancient to Modern Times. New York 1972

[6] Juškevič, A. P. (Herausgeber): Geschichte der Mathematik (russ.). Bd. 1 und Bd. 2, Moskau 1970; Bd. 3, Moskau 1972

[7] Struik, D. J.: Abriß der Geschichte der Mathematik. 6. Aufl. Berlin 1976 (übers. a. d. Amerikan.)

[8] Gericke, H.: Mathematik in Antike und Orient. Berlin/Heidelberg 1984

[9] Burton, D. M.: The History of Mathematics. Massachusettes 1985

[10] Wußing, H.: Vorlesungen zur Geschichte der Mathematik. 2. Aufl. Berlin 1989

[11] Gericke, H.: Mathematik im Abendland. Berlin/Heidelberg 1990

[12] Katz, V. J.: A History of Mathematics. New York 1993

[13] Pfeiffer, J./Daham-Dalmedico, A.: Wege und Irrwege – eine Geschichte der Mathematik. Basel/Boston/Berlin 1994 (Aus dem Französischen).

## Quellensammlungen:

[13] Struik, D. J.: A Source Book in Mathematics. Massachusetts 1969

[14] Fauvel, J.; Gray, J.: A History of Mathematics: A Reader. The Open University. 2. Aufl. 1990

## Nachschlagewerke:

[15] May, K. O.: Bibliography and Research Manual of the History of Mathematics. Toronto 1973

[16] Dauben, J. W.: The History of Mathematics from Antiquity to the Present. A Selective Bibliography. New York / London 1985

[17] Grattan-Guinness, I. (Editor): The Companion Encyclopedia of the History and Philosophy of the Mathematical Sciences. London 1994

# 4. Biographien

## 4.1 Mathematiker der Antike

### 4.1.1 Pythagoras von Samos

Pythagoras von Samos, geboren ca. 580 v.u.Z. in Samos, gestorben ca. 500 v.u.Z. in Metapont (Süditalien). Detaillierte Mitteilungen zu Leben und Werk des Pythagoras stammen erst aus dem 3. und 4. Jahrhundert unserer Zeitrechnung, sind also mit einem beträchtlichen zeitlichen Abstand verfaßt und demgemäß unsicher. Auch stammen sie von Anhängern der neubelebten Sekte der Pythagoreer und man darf annehmen, daß die Verdienste des Gründers des Bundes der Pythagoreer herausgestrichen worden sind. Von solchen Lebensbeschreibungen ist die des Neupythagoreers Iamblichos am bekanntesten. Folgt man seinen An-

gaben, so war Pythagoras Sohn eines Gemmenschneiders, verließ seine Heimat Samos aus Protest gegen den Tyrannen Polykrates (vgl. Schillers Ballade vom Ring des Polykrates) und/oder wegen bevorstehender kriegerischer Verwicklungen, unternahm ausgedehnte Reisen nach Vorderasien, Kleinasien und Ägypten, lernte dort eine hochentwickelte Mathematik kennen und gründete in Croton (Süditalien) einen religiösen Geheimbund, der nach einiger Zeit von dort vertrieben wurde und sich in Metapont niederließ. Im 4. Jahrhundert v.u.Z. ist der Bund zunächst erloschen; erst in der Spätantike erfuhr er eine Wiederbelebung.

Der Bund der Pythagoreer ist historisch verbürgt; auch Aristoteles berichtet von ihm und seinen Anhängern. Sicher ist auch, daß in dem dort gepflegten Kult Zahlen (d.i. im damaligen Verständnis: ganze positive Zahlen) eine zentrale Rolle spielten, auch in astronomischen und musikalischen Zusammenhängen. Entkleidet man die Resultate ihres mystischen Zusammenhanges, so sind unter Übernahme von Einsichten aus der mesopotamischen Mathematik bedeutsame mathematische Ergebnisse erzielt worden: Figurierte Zahlen, Zahlentheorie (Lehre von den geraden und ungeraden Zahlen, Primzahlen, vollkommene und befreundete Zahlen), Zahlenverhältnisse und Proportionen, ebene und räumliche Geometrie. (Der sog. Pythagoreische Lehrsatz läßt sich schon weit vorher in Mesopotamien nachweisen). Die meisten der von den Pythagoreern gefundenen Ergebnisse sind in die "Elemente" des Euklid eingeflossen.

## 4.1.2  Euklid

Euklid (Eukleides, Euclid), lebte um 330 v.u.Z. Es gibt fast keine gesicherten biographischen Daten zu Euklid. Meist wird angenommen, daß er älter als Archimedes war, am Hofe der Ptolemäer in Alexandria gelebt und dort eine mathematische Schule begründet hat. Von seinen Werken – man muß sich aber vergegenwärtigen, daß keine Originalhandschrift erhalten geblieben ist – sind, teilweise nur dem Titel nach, mehrere mathematische Abhandlungen ("Elemente", "Data", "Über die Teilung von Figuren", "Porisma", "Kegelschnitte", "Oberflächenörter", "Pseudaria"), eine astronomi-

sche Schrift ("Phaenomena"), eine zur Optik ("Optica")) sowie eine Abhandlung über Musiktheorie bekannt. Von diesen Abhandlungen wurden die Texte der "Elemente", der "Data", der "Phaenomena" und der "Optika" in griechischer Sprache überliefert, die "Teilung der Figuren" teilweise in einer arabischen Übertragung.

Die "Elemente"des Euklid können als das bedeutendste Werk mathematischer Literatur betrachtet werden. Nach Methode und Inhalt hat es über Jahrtausende die Entwicklung der Mathematik bestimmt und wurde noch im 19. Jahrhundert als Lehrbuch benutzt. Die "Elemente" bestehen aus 13 Büchern; später hat Hypsikles (um 180 v.u.Z.) ein vierzehntes und vermutlich Damaskios (ca. 458– nach 533) ein fünfzehntes Buch hinzugefügt. Die Bücher I bis IV enthalten ebene Geometrie und sind vorwiegend pythagoreischen Ursprunges. Buch V vermittelt die Lehre von den Proportionen, Buch VI auf dieser Basis die Ähnlichkeitslehre. Die Bücher VII bis IX enthalten Zahlentheorie, ebenfalls weitgehend inhaltlich von der pythagoreischen Schule bestimmt. Das schwierige Buch X klassifiziert in geometrischer Form quadratische Irrationalitäten. Die Bücher XI bis XIII behandeln auf der Grundlage pythagoreischen Wissens die räumliche Geometrie und enden mit dem korrekten Nachweis, daß es genau fünf reguläre Polyeder, die platonischen Körper, gibt.

Euklid hat in den "Elementen" zweifellos frühere mathematische Ergebnisse übernommen, neben denen der pythagoreischen Schule solche von Hippokrates von Chios (um 440 v.u.Z.), von Theaitetos (ca. 415–368) und von Eudoxos (ca.400–ca.347 v.u.Z.). Seine großartige Leistung besteht darin, den Stoff in meisterhafter didaktischer Form dargeboten zu haben, gegründet auf Axiome, Postulate und Definitionen. Die "Elemente" sind seit der Antike vielfach kommentiert, bearbeitet, redigiert und übersetzt worden. In Europa gehörten sie zu den frühesten im Druck zugänglich gemachten wissenschaftlichen Werken.

### 4.1.3 Archimedes

Archimedes, geboren um 287 v.u.Z. in Syrakus, gestorben 212 in Syrakus.

Einige wenige Lebensdaten von Archimedes können als gesichert gelten, andere wieder werden als mehr oder weniger verbürgt behandelt. Er stand in Beziehung zu König Hieron II von Syrakus, möglicherweise bestanden sogar verwandtschaftliche Bindungen. Der Vater von Archimedes, der Astronom Phidias, dürfte den Sohn unterrichtet haben, ehe Archimedes für einige Zeit nach Alexandria ging, an das damalige Zentrum der Wissenschaften. Jedenfalls sind viele seiner in Briefform verfaßten Arbeiten an dort

wirkende Gelehrte gerichtet. Archimedes soll, wie römische Historiker berichten, mit der Konstruktion von Waffen eine äußerst wirksame Hilfe bei der Verteidigung seiner Heimatstadt gegen die zwei Jahre dauernde Belagerung durch die Römer während des zweiten Punischen Krieges geleistet haben. Als die Stadt fiel, kam Archimedes ums Leben; über seinen Tod gibt es eine bekannte Legende: Archimedes habe – auf einer Bank sitzend und mit dem Zeichnen von Figuren in den Sand beschäftigt – einen hinzutretenden römischen Soldaten angeherrscht, er solle seine Figuren nicht zerstören ("noli turbare circulos meos"), woraufhin der aufgebrachte Römer Archimedes erschlagen habe. Archimedes war der bedeutendste Mathematiker und Physiker der Antike. Von seinen Werken sind elf erhalten geblieben, andere arabisch überliefert, weitere durch Angaben späterer Autoren teilweise rekonstruierbar und wieder andere nur dem Titel nach bekannt. Einer ersten Gruppe gehören Arbeiten zur Inhaltsbestimmung von Flächen und Körpern an, die nicht geradlinig bzw. durch Ebenen begrenzt sind, z.B. Parabelsegment, Inhalt und Oberfäche der Kugel, Inhalt der Segmente von Rotationsparaboloiden, zweischaligen Hyperboloiden und Rotationsellipsoiden. Besonders interessant und zur Frühgeschichte der Integralrechnung gehörend ist der Nachweis, daß das Parabelsegment quadrierbar ist, also einen Flächeninhalt besitzt, der mit Zirkel und Lineal konstruierbar ist. Der in der Schrift "Über die Quadratur der Parabel" geführte Nachweis beruht darauf, daß dem Segment eine Folge von Dreiecken einbeschrieben wird; die dazu äquivalente geometrische Reihe konvergiert, wie Archimedes völlig korrekt beweisen kann. Eine zweite Gruppe von Arbeiten beruht physikalisch auf dem von Archimedes formulierten Gesetz des Auftriebes und behandelt verschiedenartige Volumina und deren Schwimmfähigkeit. In einer dritten Gruppe arithmetischen Inhaltes ragt die sog. "Sandrechnung" heraus, in der Archimedes die Unendlichkeit der Reihe der natürlichen Zahlen ausspricht und die Zahlreihe mit Benennungen der Zahlen bis $10^{63}$ fortführt. Dort berichtet er auch von der heliozentrischen Weltansicht des Aristarchos von Samos. Auch die Konstruktion von Himmelsgloben und einer Art von Planetarium wird Archimedes zugeschrieben. Die Ergebnisse und Schriften von Archimedes haben seit der Antike immer wieder anregend und als methodisches Vorbild bei der Entwicklung der Infinitesimalmathematik gewirkt, u.a. bei Kepler, Cavalieri, Galilei und Torricelli. Nach antiken, byzantinischen und mittelalterlichen Ausgaben von Schriften des Archimedes erschien bereits 1544 in Basel eine griechische Standardausgabe im Druck.

## 4.1.4  Apollonius von Perge

Apollonios von Perge (Apollonius), geboren etwa 260 v.u.Z., gestorben etwa 190 v.u.Z.

Zur eigentlichen Biographie von Apollonios gibt es nur einige wenige sichere Angaben. Er dürfte aus Perge (Städtchen im Süden von Kleinasien) stammen, muß eine Zeitlang in Alexandria gearbeitet haben und hat sich vermutlich in Pergamon aufgehalten. Apollonios war damit ein jüngerer Zeitgenosse von Archimedes. Ähnlich wie bei Euklid ist auch bei Apollonios die überlieferte wissenschaftliche Hauptleistung auf dem Gebiete der Mathematik an ein groß-angelegtes Werk, die "Conica" (d.i. Schnitte), gebunden; die anderen Schriften sind bis auf den "Verhältnisschnitt" verloren. Die "Conica" bieten eine systematische Behandlung der Kegelschnitte und bestehen aus acht Büchern. In den ersten vier Büchern faßte Apollonios frühere Ergebnisse zum Studium der Kegelschnitte zusammen; die übrigen vier enthielten eigene Forschungsergebnisse. Die Bücher I bis IV sind griechisch erhalten geblieben, die Bücher V bis VII nur in arabischer Übertragung; das Buch VIII konnte auf Grund von Berichten späterer Autoren teilweise rekonstruiert werden.

Die "Conica" enthalten u.a. die Erzeugung der Kegelschnitte als Schnitte eines festen Kreiskegels mit Ebenen und behandeln Tangenten, Achsen, Durchmesser, Asymptoten, Transversalen, Pol und Polare, Anzahl der Schnittpunkte von mehreren Kegelschnitten, Normale, Subnormale, Evoluten, konjugierte Durchmesser u.v.a.m.

Die "Conica" stellen einen der Höhepunkte antiker Mathematik dar und haben die Entwicklung der Mathematik im islamischen Bereich und bis weit ins 17. Jahrhundert in Europa nachhaltig beeinflußt.

Apollonios kommt auch eine bedeutende Rolle in der Geschichte der Astronomie zu. Herakleides und er schufen mit der Theorie der Epizykel eine Basis zur mathematischen Behandlung der antiken (geozentrischen) Astronomie, die den damals verfügbaren astronomischen Daten recht gut angenähert werden konnte.

### 4.1.5  Diophant von Alexandria

Diophant von Alexandria (Diophantos), lebte vermutlich um 250 u.Z. in Alexandria.

Über das Leben von Diophant ist nichts Sicheres bekannt. Allenfalls darf man als einigermaßen sicher annehmen, daß er in Alexandria gelebt hat. Eine aus der Spätantike stammende mathematische Aufgabe in Gedichtform behauptet, daß er verheiratet gewesen sei und einen Sohn gehabt habe. Von Diophant sind unter dem Titel "Arithmetika" Texte zur Algebra überliefert worden, die einzigen antiken Schriften echt algebraischen Inhaltes. Von den 13 Büchern, aus denen das Werk bestanden haben soll, sind sechs in

griechischer Sprache erhalten geblieben; vier weitere sind in den 70er Jahren unseres Jahrhunderts in einer arabischen Übertragung entdeckt worden (s. Abb.: Buchtitel der vier Bücher Diophants in arabischer Sprache, entdeckt und aufbewahrt in der Astan–Quds–Bibliothek in Mashad, Iran).

Diophant behandelt bestimmte und unbestimmte Gleichungen des ersten und zweiten sowie in Spezialfällen des dritten und vierten Grades und schließlich Gleichungssyteme von zwei Gleichungen. Allerdings werden die Aufgaben nicht in abstrakter Form, sondern nur mit Zahlenbeispielen gestellt. Als Lösungen werden, gemäß antiker Tradition, nur positive ganze oder gebrochene Zahlen anerkannt; dies wird gegebenfalls durch Nebenbedingungen erreicht. Auch finden sich bei Diophant Ansätze des Gebrauches von Symbolen (meist die Anfangsbuchstaben des entsprechenden griechischen Wortes) für die Unbekannte und deren erste Potenzen sowie für Subtraktion und Gleichheit. Neben der "Arithmetika" ist eine andere Schrift von Diophant über Polygonalzahlen in Fragmenten erhalten geblieben. Die "Arithmetika" hat über den arabisch-islamischen Bereich und durch die Vermittlung der byzantinischen Mathematik auch die Entwicklung von Algebra und Zahlentheorie in Europa im ausgehenden Mittelalter, und noch während des 16. und 17. Jahrhunderts wesentlich beeinflußt.

## 4.2  Mathematiker des Mittelalters

### 4.2.1  Liu Hui

Liu Hui, lebte um 250 in China.

Über das Leben von Liu Hui ist fast nichts bekannt, doch kennt man einige seiner Schriften recht genau, da sie immer wieder verbreitet und kommentiert wurden und nahezu ein Jahrtausend die Entwicklung der Mathematik in China bestimmt haben. Liu Hui's Schrift "Chiu-chang suan-shu" (deutsch etwa Neun Bücher arithmetischer Technik) könnte auf eine etwa fünf Jahrhunderte ältere Vorlage zurückgehen und stellt ein Handbuch der Mathematik für Architekten, Kaufleute, Offiziere und Verwaltungsbeamte dar, allerdings auf hohem Niveau. Es enthält Methoden der Landesvermessung (mit dem guten Näherungswert 3,14 für $\pi$), Prozentrechnung, Proportionen, Verteilungsprobleme, Volumina von Prisma, Pyramide und Pyramidenstumpf, Zylinder und Kugel (aber falsch), Verfolgungsaufgaben, unbestimmte Gleichungen und anderes mehr. Ferner schrieb Liu Hui eine kürzere Abhandlung über praktische Geometrie.

### 4.2.2  Āryabhata I

Āryabhata I, vermutlich geboren 476 in Südindien.

Āryabhata könnte seine Ausbildung in Kusumpura, der Hauptstadt des Guptareiches erhalten haben. Er schrieb zwei Werke, "Āryabhatiya" und eine verloren gegangene Abhandlung. "Āryabhatiya", in Versform verfaßt, besteht aus drei Teilen, einer Einleitung, einem mathematischen und einem astronomischen Teil, in dem ein mit Epizykeln und Exzentern ausgestattetes Planetenmodell beschrieben wird, ähnlich wie in der griechisch–hellenistischen Antike. Im mathematischen Teil werden gelehrt das Rechnen im dezimalen Positionssystem, das Ausziehen von Quadrat- und Kubikwurzeln, und es werden ganzzahlige Lösungen der linearen unbestimmten Gleichung in zwei Variablen gesucht.

### 4.2.3  Brahmagupta

Brahmagupta, geboren 598, vermutlich in Bhillamala (Indien), gestorben nach 665.

Brahmagupta stammt aus der mathematisch–astronomischen Schule der Universität Ujjain, gehörte dem Hindu–Glauben an und schloß sich, nach anfänglichen religiösen Vorbehalten, daher erst im Alter dem astronomischen System von Āryabhata I an. Im astronomischen Frühwerk Brahmaguptas sind bedeutende mathematische Ergebnisse enthalten. Erstmals werden in der indischen Mathematik, im Anschluß an die chinesische Mathematik, die vier Grundrechenarten mit negativen Zahlen gelehrt; negative Zahlen werden als "Schuld" oder "Verminderung", positive als "Eigentum" oder "Vermögen" bezeichnet. Auch finden sich reichhaltig Symbole für Variable und deren Potenzen sowie für Operationssymbole bei der Behandlung linearer und quadratischer, bestimmter und unbestimmter Gleichungen. Im astronomischen Zusammenhang werden trigonometrische Funktionen behandelt, Interpolationsverfahren verwendet und Sinustabellen angegeben.

### 4.2.4   Al–Chorezmi (Al–Ḥwārizmī)

Abu 'Abdallāh Muḥammad ibn Mūsā al–Ḥwārizmī al–Maǧusī, geb. um 780 (163 Hedschra) in Choresm, gest. um 850 (235 Hedschra) in Bagdad.

Sein Beiname al–Chorezmi weist darauf hin, daß er aus Choresm (heute Chiva, südl. des Aralsees) stammt und seine Muttersprache höchstwahrscheinlich eine iranische Sprache war; der zweite al–Maǧusī läßt erkennen, daß unter seinen Vorfahren Magier (Priester) der zoroastrischen Religion waren und er diesem Glauben vermutlich ebenfalls angehörte. Aufgrund seiner Herkunft war es ihm möglich, sich mit den Traditionen und wissenschaftli-

chen Erkenntnissen der vorislamischen Kulturen vertraut zu machen.

Über seinen Lebensweg ist uns wenig bekannt. Sicher ist, daß er Leiter einer Gruppe von bekannten Wissenschaftlern am Haus der Weisheit (bait al–hikma) war, das zur Zeit des Abbasidenkalifen al–Mamun (813–833) eingerichtet wurde. Diesem Haus waren eine Bibliothek und ein gut ausgestattetes Observatorium angeschlossen.

Bis zu seinem Lebensende war al–Chorezmi in Bagdad tätig. Er verfaßte Werke über Mathematik, Astronomie, Geographie, Geschichte und Kalenderrechnung, welche uns zum Teil erhalten geblieben sind. Besonders die Abhandlungen über Arithmetik und Algebra machten ihn berühmt. Seine Arithmetik, deren Original verloren ist, aber als lateinische Übersetzung "Algorithmi de numero Indorum" aus dem 12. Jh. vorliegt, war das erste arabische Werk, in dem das indische System der Zahlenschreibweise und die darauf beruhenden Rechenoperationen erläutert werden. Später wurden die Kenntnisse über das dezimale Stellenwertsystem durch dieses Werk im westlichen Europa verbreitet.

Seine Beschreibung einer Rechnung durch Zerlegung in kleinste Rechenschritte führte zum Algorithmus, dessen moderne Bezeichung durch Latinisierung seines Namens al–Chorezmi entstanden ist.

Das algebraische Werk, dessen arabische Abschrift aus dem 14. Jahrhundert noch existiert, heißt "al–Kitab al–muhtasar fi Hisab al–Ǧabr wa–l–Muqabala" (Ein kurzgefaßtes Buch über die Rechenverfahren durch Ergänzen und Ausgleichen). Zum ersten Mal erscheint hier im Titel einer Schrift das Wort Algebra, das aus dem Ausdruck al–Ǧabr (die Ergänzung) hervorgegangen ist und inzwischen zur Bezeichung für all das geworden ist, was heute unter Algebra verstanden wird. Er untersucht zuerst lineare und quadratische Gleichungen, wobei er negative Zahlen und Null nicht zuläßt. Daher muß er sechs Typen von Gleichungen unterscheiden, drei einfache und drei zusammengesetzte:

$$ax^2 = bx, \ ax^2 = c, \ bx = c, \ ax^2 + bx = c, \ ax^2 + c = bx, \ bx + c = ax^2$$

(Die Koeffizienten $a, b, c$ sind stets positiv).

Außerdem gibt er Aufgaben aus dem täglichen Leben zu Testamenten und Erbschaften an. Al–Chorezmi hat beim Verfassen dieses Werkes sicherlich anderes Quellenmaterial zur Verfügung gehabt (außer dem überlieferten indischen und griechischen), etwa Quellen von den Babyloniern, die uns nicht überliefert sind.

Für die Geschichte der Mathematik sind die Werke al–Chorezmis von außerordentlicher Bedeutung, denn durch sie sind die Westeuropäer mit den indischen Zahlzeichen und der arabischen Algebra bekannt gemacht worden.

### 4.2.5 Bhāskara II

Bhāskara II, geboren 1114, stammt vermutlich aus der Provinz Karnataka, gestorben nach 1191.

Bhāskara II stammt aus einer Brahmanenfamilie und hat seine Ausbildung durch den Vater und wohl auch an der Universität von Ujjain erhalten. Seine Schriften (mindestens sechs, möglicherweise noch weitere sieben) enthalten neben Spitzenleistungen zur Astronomie (Planetensystem, Mondbewegungen,

Konjunktionen von Planeten u.a.m.) auch herausragende Ergebnisse in Mathematik, unter anderem in der einer Dame gewidmeten Schrift "Līlāvāti". Bhāskara lehrt das Rechnen mit positiven und negativen Zahlen, mit der Null, das Ziehen von Quadratwurzeln, das Lösen von unbestimmten Gleichungen und von linearen und quadratischen Gleichungen in einer und mehreren Unbekannten, Zinsrechnung, Trigonometrie, die Behandlung der Pellschen Gleichung. Es finden sich sogar Anfänge der Differential- und Integralrechnung, die im 15. und 16. Jahrhundert von indischen Mathematikern weitergeführt wurden.

### 4.2.6 Li Yeh

Li Yeh (oder auch Li Chih), geboren 1192 in Ta–hsing (dem heutigen Peking), gestorben 1279 vermutlich in der Provinz Hopeh (China).

Als Sohn eines Offiziers geboren war sein Leben von den unruhigen Zeiten der Eroberung Chinas durch die Mongolen geprägt. Er absolvierte 38jährig die Prüfungen zum zivilen Staatsdienst und wurde Gouverneur der Stadt Chünchou (heute Yü–hsien) in der Provinz Honan, floh dann vor den Mongolen und widmete sich seit 1234 ausschließlich den Wissenschaften, häufig in bitterer Armut lebend. In dieser Periode schrieb er um 1248 sein mathematisches Hauptwerk "Ce yuan hai jing" (etwa: Der Seespiegel der Kreismessung). Um 1251 hatten sich durch Lehrtätigkeit seine Einkünfte so verbessert, daß er sich in Feng–lung in der Provinz Hopeh niederließ. Der mongolische Prinz Kublai Khan erbat 1257 den Rat von Li Yeh bezüglich der Verwaltung des Staates und der Ursache von Erdbeben. Im Jahre 1259 vollendete Li Yeh ein weiteres mathematisches Werk. Als Kublai Khan 1260 den Thron bestieg, bot er Li Yeh einen Regierungsposten an, den dieser, nicht gewillt, für die Mongolen zu arbeiten, höflich mit dem Verweis auf sein Alter ablehnte. Doch wurde er 1265 verpflichtet, an der von Kublai Khan 1264 eingerichteten Akademie als Historiker zu arbeiten, zog sich aber bald, wiederum mit dem Verweis auf sein Alter, nach Feng–lung zurück, um dort noch zahlreiche Schüler zu unterrichten. Kurz vor seinen Tode beauftragte Li Yeh seinen Sohn mit der Verbrennung aller seiner Schriften, mit Ausnahme des "Seespiegels"; doch haben sich auch andere Schriften erhalten.

Li Yeh hat hauptsächlich zum Fortschritt der Algebra beigetragen, indem er eine Standardschreibweise für nicht–lineare Gleichungen (mit ganzzahligen positiven und negativen Exponenten für die Potenzen der Variablen) bei positiven ganzzahligen Koeffizienten angab; die Lösung erfolgte mittels des heute nach Ruffini und Horner benannten Schemas. Auch machte Li Yeh Gebrauch vom Symbol O für die Null, das jedoch schon früher verwendet worden sein könnte.

### 4.2.7  Leonardo von Pisa

Leonardo von Pisa (auch Leonardo
Fibonacci), geb. ca. 1170 in Pisa,
gest. nach 1240 in Pisa.
Der Name Fibonacci bedeutet soviel wie Angehöriger der Familie
Bonacci (und nicht wie oft angegeben Sohn eines Vaters mit dem
Namen Bonacci). Der Vater leitete etwa seit 1192 eine Handelszen-
trale der Stadt Pisa in Nordafrika,
im heutigen Algerien. Dort und auf
weiteren Reisen, u.a. nach Ägypten,
Syrien und Sizilien lernte Leonardo
u.a. die indisch–arabischen Ziffern
und überhaupt erhebliche Teile der
hochentwickelten muslimischen Mathematik kennen. Um die Jahrhundertwende kehrte Leonardo nach Pi-

sa zurück und widmete sich der Niederschrift mathematischer Abhandlungen,
von denen fünf überliefert sind. Leonardos Ruhm drang bis an den Hof des an
Kunst und Wissenschaft hoch interessierten Hohenstaufenkaisers Friedrich II;
als sich der Kaiser in Pisa aufhielt, wurde Leonardo dem Kaiser vorgestellt.
Leonardo wird mit Recht als der erste bedeutende Mathematiker des eu-
ropäisch–lateinischen Mittelalters gekennzeichnet. Von den fünf erhaltenen
Abhandlungen ist der "Liber abaci" wohl der bedeutendste. Wir kennen zwei
Fassungen, eine von 1202 und eine erweiterte von 1228, die jedoch vollständig
nur in Kopien aus dem 13. und 14. Jahrhundert überliefert wurden. Der Titel
(wörtlich: Buch vom Abakus) bedeutet nicht Buch vom Rechenbrett, sondern das Buch vom Rechnen. Der "Liber abaci" führt die indischen Ziffern
ein, lehrt kaufmännisches Rechnen, vermittelt Aufgaben aus dem arabischen
und chinesischen Kulturbereich (u.a. das chinesische Restproblem), behandelt
Gleichungen und Gleichungssysteme. In Einzelfällen werden negative Lösungen anerkannt, indem sie als Schulden interpretiert werden. Das Problem der
Vermehrung von Kaninchen führt auf die rekursive Bestimmung der Fibonacci–Zahlen $x_{n+2} = x_{n+1} + x_n$ mit $x_1 = 1$, $x_2 = 1$.
Der direkte Einfluß von Leonardo auf die weitere Entwicklung der Mathematik
im europäischen Mittelalter beschränkte sich zunächst im wesentlichen auf seine Einführung der indisch–arabischen Ziffern. Erst auf indirektem Wege
wurde er Wegbereiter algebraischer Methoden und Symbolik während der
Renaissance.

## 4.2.8  Oresme

Oresme, Nikolaus (Nicole), geboren ca. 1323 in Caen, gestorben 11. Juni 1382 in Lisieux.

Über das Elternhaus von Oresme ist nichts bekannt. Er studierte seit 1348 am Collège de Navarra an der Pariser Universität, stieg dort rasch vom Schüler zum Lehrer auf und wurde 1356 zum Vorsteher des Collège ernannt. 1355 oder 1356 dürfte er zum Doktor der Theologie promoviert worden sein. Im Dienste der Kirche übte er seit 1361 verschiedene hohe Ämter aus und wurde, vom französischen König Karl V.

protegiert, Bischof von Lisieux. Die mathematischen Arbeiten von Oresme sind schwer datierbar. Neben einer Arbeit über Proportionen und einer weiteren über Potenzen mit gebrochenen Exponenten hat Oresme einige Forschungen über unendliche Reihen angestellt; u.a. bewies er die Divergenz der harmonischen Reihe. Seine Hauptleistung besteht in der sog. Theorie der Formlatituden, die der geometrischen Veranschaulichung von Änderungen sinnlich wahrnehmbarer Vorgänge (z.B. von Bewegungen) dient. Trägt man über einer waagerecht liegenden Strecke, einer Art Zeitachse, senkrecht die Intensität (latitudo) eines solchen Vorganges auf, so entspricht z.B. bei Bewegungen das Rechteck einer gleichförmigen Bewegung, ein Trapez einer gleichförmig zu- oder abnehmenden Bewegung. Bis zu einem gewissen Grade könnte man diese geometrischen Figuren als Vorstufen eines Funktionsbegriffes interpretieren, zumal Oresme, beeinflußt von seinem Lehrer Buridan, eine modifizierte physikalische Theorie des Impetus beim Wurf vertrat. Oresme hat sich auch mit astronomischen Problemen beschäftigt.

Oresme repräsentiert, neben Bradwardine (1290/1300–1349), Buridan (um 1295–1358) und Swineshead (1300?–1359?), einen der Höhepunkte der scholastischen Mathematik und Naturphilosophie. Merkwürdigerweise ist die Traditionslinie von Oresme in die Neuzeit unterbrochen; erst nach der Wiederentdeckung eines seiner Manuskripte, 1870, konnte eine Würdigung des Mathematikers Oresme erfolgen.

## 4.2.9 Cusanus

Cusanus (Nikolaus von Cues, eigentlich N. Cryfftz oder Krebs), geboren
1401 in Kues (Mosel), gestorben am
11. August 1464 in Todi (Umbrien).
Als Sohn eines Moselfischers geboren studierte Cusanus in Heidelberg und Padua, wo er 1423 zum
Doktor der Rechte promovierte. Einer Hinwendung zur Theologie folgte die Priesterweihe und der Eintritt in den diplomatischen Dienst
der Kirche. Er wurde 1448 Kardi-
nal und 1450 Bischof von Brixen
und 1459 Generalvikar. Neben zahlreichen Schriften theologischen und
philosophischen Inhaltes hat Cusanus auch mathematische, physikalische und astronomische Schriften

verfaßt. Indem er die schrittweise Annäherung menschlicher Erkenntnis an die
Wahrheit u.a. mit der Näherung an den wirklichen Inhalt eines Kreises durch
Ein- und Umbeschreiben von regelmäßigen Vielecken an die Kreisperipherie
verglich, wandte er sich der Quadratur des Kreises zu, dabei in Kenntnis und
bei Modifikation entsprechender Arbeiten von Archimedes. In diesem Sinne
handelt es sich um eine theologisch eingebettete Vorwegnahme der Infinitesimalmathematik, wenn auch tastend und vielfach mit Behauptungen durch-
mengt. In seiner Schrift "De staticis experimentis" (Versuche mit der Waage)
forderte er Experimente im modernen Sinne des Wortes und Messung physi-
kalischer Größen. In philosophisch–theologischen Zusammenhängen vertrat er
u.a. die Ansicht, daß sich die Erde bewegt und die Welt keinen Mittelpunkt
hat; doch sind diese und andere Aussagen eher in seine Theologie als in die
Naturwissenschaft einzuordnen und es wäre ganz ahistorisch, Cusanus als
einen direkten Vorläufer von Copernicus zu betrachten.

# 4.3 Mathematiker der Renaissance

## 4.3.1 Michael Stifel

Stifel, Michael, geboren 1487 (?) in Eßlingen, gestorben 19. April 1567 in Jena. Stifel hat ein sehr unruhiges Leben geführt. Nach einem 10 jährigen Aufenthalt in einem Augustinerkloster schloß sich Stifel der Reformation an, wirkte bei M. Luther in Wittenberg und in Tirol als Reformator, überwarf sich wegen der aus zahlenmystischen Spekulationen abgeleiteten Vorhersage des Jüngsten Gerichtes mit Luther, wirkte dann als Pfarrer in verschiedenen Orten, mußte der Kriegsereignisse wegen mehrfach fliehen, ehe er nach Jena gelangte und dort an der Universität im fortgeschrittenen Alter Vorlesungen über Mathematik hielt.

Mathematik war für Stifel im Grunde nur eine Nebentätigkeit; trotzdem hat er Bleibendes beitragen und sogar Erhebliches zur Fortentwicklung der Mathematik leisten können. Seine "Arithmetica integra" (Gesamte Arithmetik) von 1544 griff die von Tartaglia, Cardano u.a. in Italien erzielten algebraischen Ergebnisse auf, behandelte die negativen Zahlen als wirkliche Zahlen, erkannte die Grundprinzipien logarithmischen Rechnens (der Begriff Exponent stammt von Stifel) und machte die schwierige Theorie der Irrationalitäten des zehnten Buches der "Elemente" von Euklid weiten Kreisen zugänglich. Auch die Kunst der Aufstellung magischer Quadrate verdankt Stifel viele Anstöße.

Christoph Rudolff (1500?–1545?) hatte 1525 eine bedeutende Schrift zur frühen Algebra, eine "Coß" herausgebracht, die von Stifel 1553/54 in erheblich erweiterter und verbesserter Form als "Die Coß Christoffs Rudolffs mit schönen Exempeln der Coß durch Michael Stifel Gebessert und sehr gemehrt" herausgegeben wurde. Stifel reduzierte die noch von Rudolff unterschiedenen drei Typen quadratischer Gleichungen $x^2 + ax = b$, $x^2 + b = ax$ und $x^2 = ax + b$, $a, b > 0$ auf eine Standardform $x^2 = \pm ax \pm b$ mit der einheitlichen Lösung $x = \sqrt{(\frac{a}{2})^2 \pm b} \pm \frac{a}{2}$. Beigegeben ist ferner eine Fülle schöner Aufgaben, unter anderem solcher, die er von Adam Ries übernommen hatte.

Dieses Stifelsche Werk trug erheblich zur Popularisierung der modernen algebraischen Methoden bei und erlangte einen großen Einfluß auf die Herausbildung der Algebra als selbständiger mathematischer Disziplin.

### 4.3.2  Adam Ries

Ries, Adam, geboren 1492 in Staffel-
stein (Mainfranken), gestorben (vermutlich 30.3.) 1559 in Annaberg.
Über den Lebensweg von Ries sind
nur wenig sichere Details bekannt.
Man weiß, daß er um 1522 in
Erfurt mit der wissenschaftlichen
Mathematik in Berührung kam und
dort eine Rechenschule eröffnet hat,
1522/23 nach Annaberg übersiedelte, dort erfolgreich eine Rechenschule führte und im Zentrum des erzge-
birgischen Silber- und Erzbergbaus
in städtischem und staatlichem Auftrag vielfältig tätig war.
Der Nachruhm von Ries beruht
hauptsächlich auf seinen pädago-
gisch geschickten Rechenbüchern,

die sich an den einfachen Mann wandten und durch die im deutschen Sprachgebrauch das praktische kaufmännische Rechnen mit den indisch–arabischen
Ziffern heimisch wurde. Das erste Rechenbuch (1518 vollendet) lehrte noch
lediglich das Abacusrechnen. Das zweite, das erfolgreichste ("Rechenung auff
der linihen // und federn...", 1. Auflage 1522) lehrte darüber hinaus auch das
schriftliche Rechnen mit den Ziffern und wurde bis weit ins 17. Jh. immer
wieder nachgedruckt. Die große "Praktika" von 1550 ("Rechenung nach der
// lenge / auff den linihen // vnd Feder...") erlebte nur zwei Auflagen, enthält
aber viele Aufgaben, die sich in der nachfolgenden Literatur großer Beliebtheit
erfreuten.
Über seine mathematische Tätigkeit als Rechenmeister hinaus hat Ries zwei
Abhandlungen zur Coß verfaßt, in denen er sich als hervorragender Kenner
der frühen Algebra, insbesondere der rechnerischen Lösung von quadratischen
Gleichungen, erweist. Doch blieben diese Arbeiten, vermutlich der hohen Ko-
sten wegen, ungedruckt und Ries als Algebraiker fast unbekannt. Erst anläßlich
seines 500. Geburtstages (1992) gelangten seine cossischen Schriften erstmals
zum Druck.

### 4.3.3 Niccolò Tartaglia

Tartaglia, Niccolò (eigentlich Fontana), geboren 1499 oder 1500 in Brescia, gestorben am 13. Dezember 1557 in Venedig.

Tartaglia konnte, aus ärmlichen Verhältnissen stammend, nur eine äußerst bescheidene Schulbildung erhalten und mußte sich autodidaktisch fortbilden. Als Kind war er während kriegerischer Handlungen schwer verletzt worden und hatte sich einen Sprachfehler zugezogen (Tartaglia bedeutet Stotterer). Etwa 1517 ließ er sich in Verona und 1534 in Venedig als Rechenmeister nieder. Um 1535 dürfte Tartaglia die Lösungsformel für die allgemeine kubische Gleichung gefunden haben,

nach seinen Angaben unabhängig von Scipio del Ferro, der vor ihm dahin gelangt war. Als aber Cardano 1545 ohne klare Angabe über das ihm von Tartaglia vermittelte Lösungsverfahren der kubischen Gleichung dieses in seiner "Ars magna..." (Die große Kunst oder über algebraische Regeln) veröffentlichte, kam es zu einem erbitterten Prioritätsstreit zwischen Cardano, Tartaglia und Ferrari, der die Lösung der Gleichung vierten Grades gefunden hatte. Jedenfalls aber war die antike Mathematik erstmals in einem wichtigen Punkte deutlich übertroffen worden.

Man verdankt Tartaglia noch weitere mathematische Untersuchungen (u.a. Volumen des Tetraeders, wenn die Kantenlängen bekannt sind; Pascalsches Zahlendreieck) sowie die durch Probieren gewonnene Einsicht, daß bei einem Schußwinkel von 45° die größte Schußweite erzielt wird. In enger Beziehung zu Geschützmeistern gelangen ihm einige technische Verbesserungen im Geschützwesen. Weiterhin trat Tartaglia mit Übertragungen von Werken des Euklid und des Archimedes ins Lateinische und Italienische hervor.

### 4.3.4  Geronimo Cardano

Cardano, Geronimo (oder Girolamo), geboren am 24. September
1501 in Pavia, gestorben am 21. September 1576 in Rom.

Cardano studierte in Pavia, war Mathematiklehrer in Pavia, promovierte 1526 in Padua zum Doktor der
Medizin, gelangte nach unruhigen
Wanderjahren nach Mailand und
wurde 1543 Professor der Medizin
in Pavia, 1562 in Bologna. Über seine Tätigkeit als Arzt wird hier nicht
berichtet; darüber kann man in seiner Autobiographie nachlesen. Als
Mathematiker trat Cardano besonders mit der Veröffentlichung seiner
"Ars magna sive de regulis algebraicis" (Die große Kunst oder über die
algebraischen Regeln), Nürnberg 1545, hervor. Dort behandelt Cardano die
von Tartaglia bzw. Ferrari übernommenen Lösungsverfahren für die Gleichung
dritten bzw. vierten Grades. Cardano selbst stieß bei der Behandlung des casus
irreducibilis bis zu einer Vorstufe der komplexen Zahlen vor. Die "Ars magna"
hat einen bedeutenden Anreiz auf die weitere Entwicklung der algebraischen
Methoden ausgeübt. Als einer der ersten befaßte sich Cardano in einem Buch
über das Würfelspiel ("De ludo aleae"), 1563, mit der mathematischen Wahrscheinlichkeit.

### 4.3.5 François Viète

Viète (lat. Vieta), François, geboren 1540 in Fontenay-le-Comte, gestorben am 23. Februar 1603 in Paris. Vieta, Sohn eines Juristen, studierte Rechtswissenschaften in Poitiers. Vieta hat ein wechselvolles Leben geführt und seine mathematischen Studien zumeist nebenbei betrieben. Er stand als Hauslehrer im Dienste einer Adelsfamilie (für die hochbegabte Tochter schrieb er zu Unterrichtszwecken astronomische und mathematische Abhandlungen), war in wechselnden Positionen als Rechtsanwalt im juristischen Dienst tätig, lebte am Hofe des französischen Königs, fiel in Ungnade und wurde verbannt, gelangte

in einer politisch bewegten Zeit wieder in die königliche Gunst und war am Parlament in Rennes und Tours tätig. Zuletzt lebte er als Privatmann in Paris und Fontenay. Die von Vieta durchgeführten mathematischen Studien waren weitgespannt. Sie knüpften u.a. an Diophant und Cardano an und betrafen u.a. die Tabellierung aller sechs trigonometrischen Funktionen, unendliche geometrische Reihen, die Darstellung von $2/\pi$ durch ein unendliches Produkt, eine geometrische Näherungskonstruktion für das regelmäßige Siebeneck und Widerlegungen angeblicher Kreisquadraturen. Seine Hauptleistung besteht in der Publikation (1591) der "In artem analyticam Isagoge" (Einführung in die analytische Kunst), wodurch die symbolische Algebra als eine neue, selbständige mathematische Disziplin neben der Geometrie in Erscheinung trat. Vieta führte feststehende Bezeichnungen für Variable, für deren Potenzen und für bekannte Größen sowie für Rechenoperationen ein, verwendete runde, eckige und geschweifte Klammern, beherrschte die Kunst des Umformens, der Substitution von Variablen und wandte diese Techniken auf die Lösungsmethoden für Gleichungen an. Indessen vermochte sich seine "Kunst" wegen schwieriger und umständlicher Terminologie nur sehr schwer durchzusetzen. Hingegen lernen die Schüler noch heute den nach ihm benannten Wurzelsatz für algebraische Gleichungen.

### 4.3.6 Johannes Kepler

Kepler, Johannes, geboren am 27. Dezember 1571 in Weil der Stadt, gestorben am 15. November 1630 in Regensburg.

Keplers Mutter zog den Sohn allein auf, der schließlich 1589 das Studium der evangelischen Theologie in Tübingen begann. Dort lernte er bei M. Maestlin die heliozentrische Astronomie kennen. Noch vor Beendigung des Studiums ging Kepler 1594 als Lehrer der Mathematik an ein Gymnasium in das damals protestantische Graz. Von der Gegenreformation vertrieben kam Kepler 1600 nach Prag, zunächst als Gehilfe des Astronomen Tycho Brahe, nach dessen Tode 1601 als sein Nachfolger, als Kaiserlicher Mathematiker am Prager Hofe des Kaisers Rudolph II. Immer stärker geriet Kepler in das Spannungsfeld politischer und religiöser Auseinandersetzungen im Vorfeld des 30jährigen Krieges. 1612 verließ er Prag, ging als sog. Landschaftsmathematiker ins reformierte Linz, bestand erfolgreich den jahrelangen Kampf um die Befreiung seiner als Hexe angeklagten Mutter, mußte aber im Gefolge religiöser Differenzen um die Konkordienformel und kriegerischer Auseinandersetzungen Linz wieder verlassen. Nach wechselnden Aufenthalten, u.a. in Ulm, trat er 1628 als Astrologe in die Dienste Wallensteins und hielt sich in Sagan auf. Um beträchtliche Gehaltsrückstände vom kaiserlichen Hofe einzufordern, reiste Kepler nach Regensburg, wo er an Erkältung und Erschöpfung verstarb.

Kepler, einer der bedeutendsten Naturforscher, hat mit der Entdeckung der drei Gesetze der Planetenbewegung und entsprechenden großangelegten Darstellungen ("Mysterium cosmographicum" (1596), "Astronomia nova" (1609), "Harmonices mundi" (1619), "Epitomae Astronomiae Copernicanae (1618–1621), "Tabulae Rudolphinae" (1627/28)) der heliozentrischen Astronomie zur Anerkennung verholfen, gegründet auf in der Sprache der Kinematik formulierte Gesetze. Kepler ebnete damit der Newtonschen Gravitationstheorie den Weg und damit zur in dynamischen Prinzipien wurzelnden Himmelsmechanik. Optische Studien und technische Verbesserungen am Fernrohr kamen hinzu.

Kepler war zudem ein hervorragender Mathematiker. Im astronomischen Zusammenhang verwandte er die Brennpunktsgleichung der Kegelschnitte zur Behandlung elliptischer Bahnbewegungen und machte die Verwendung logarithmischer Tafeln in Astronomie und Mathematik heimisch. Keplers Tafeln "Chilias logarithmorum" erschienen 1624. In der Entwicklungsgeschichte der Infinitesimalmathematik nimmt Kepler eine wichtige Stellung ein: Im Jahre 1615 erschien seine "Nova stereometria doliorum vinariorum" (Neue Stereometrie der Weinfässer) und ein Jahr später ein gekürzter "Auszug aus der Uralten Messekunst Archimedes" in deutscher Sprache für die Hand des Praktikers. Dort werden mit Hilfe infinitesimaler Betrachtungen u.a. die Volumina einer Vielzahl von Rotationskörpern (sog. Keplersche Faßregel) angegeben.

# 4.4   Mathematiker im Zeitalter des Rationalismus

### 4.4.1   René Descartes

Descartes (lat.Cartesius), René, geboren am 31. März 1596 in La Haye
(Touraine); gestorben am 11. Februar 1650 in Stockholm.

Descartes stammt aus dem mittleren französischen Adel, erhielt auf
dem Jesuitenkolleg zu La Flèche eine hervorragende, auch Mathematik
und Naturwissenschaften umfassende Ausbildung, studierte Rechtswissenschaften in Poitiers, stand einige
Zeit im Kriegsdienst und trat in Italien, Paris und den Niederlanden in
persönlichen Kontakt zu hervorragenden Naturforschern seiner Zeit.
1629 ließ er sich in den republikanischen Niederlanden nieder, im Ver-
trauen auf größere Gedankenfreiheit
als im royalistischen Frankreich. Indessen geriet er auch hier mit seiner Philosophie in Konflikte und folgte daher 1649 einer Einladung an den Hof der
schwedischen Königin Christine nach Stockholm, starb aber bereits im ersten
skandinavischen Winter.

Descartes hat mit seiner rationalistischen Philosopie und speziell mit seiner
Naturphilosophie die sog. Wissenschaftliche Revolution des 17. Jahrhunderts
wesentlich geprägt; darüberhinaus hat er weitreichende Beiträge zur Entwicklung der Mathematik, der Mechanik und der Optik geleistet. Die Philosophie
von Descartes, auf die hier nicht näher eingegangen werden kann, steht –
vermittelt durch die zentrale Stellung der ratio, der Vernunft – in enger Beziehung zu seinen mathematisch–naturwissenschaftlichen Leistungen. In den
Niederlanden hatte Descartes an einer großangelegten Naturschau unter dem
Titel "Le Monde" (Die Welt) gearbeitet, sich aber unter dem Eindruck der
Verurteilung Galileis nur zur Veröffentlichung von Teilen entschließen können.
Der "Discours de la méthode..." (Abhandlung über die Methode, 1637) er-
schien anonym und enthält drei Anhänge – über Geometrie, über die Meteore
und über die Dioptrik –, erklärtermaßen als Probe auf seine philosophische
Methode.

Der Teil "La Géometrie" wurde, neben den Abhandlungen von Fermat, zu
einer der grundlegenden Abhandlungen, aus denen die analytische Geometrie als Spezialdisziplin der Mathematik herauswuchs. Das ursprüngliche Ziel

von Descartes bestand darin, eine geometrische Basis für die Lösung algebraischer Probleme zu errichten: Strecken, als geometrische Objekte, erhalten zugleich einen ihrer Länge entsprechenden Zahlenwert, bei Zugrundelegung einer Einheit. So können sich Geometrie und Algebra wechselseitig stützen und verschmelzen miteinander. Descartes unterscheidet zwei Aufgabentypen: Der erstere läuft auf die Auflösung algebraischer Gleichungen durch geometrische Konstruktionen hinaus. Aufgaben des zweiten Typs führen auf die Konstruktion geometrischer Örter (z.B. von Kegelschnitten), bzw., modern gesprochen, auf funktionale Abhängigkeiten zwischen Variablen. Descartes war mit dieser Methode in der Lage – obwohl sich das nach ihm benannte Koordinatensystem noch nicht voll ausgebildet findet –, eine Reihe schon in der Antike formulierter, aber ungelöst gebliebener Probleme zu lösen. "La Géometrie" enthält ferner, noch unbewiesen, die Aussage, daß eine Gleichung $n$-ten Grades $n$ Lösungen besitzt sowie die Cartesische Zeichenregel über die Anzahl der negativen und positiven Wurzeln einer algebraischen Gleichung.

Mit der von Descartes beabsichtigten Verschmelzung geometrischer und algebraischer Methoden wurden der künftigen Entwicklung der Mathematik überaus fruchtbare Wege gewiesen. Die von ihm verwendete Symbolik (durchgehende Verwendung der Zeichen + und - , Potenzschreibweise, Quadratwurzelzeichen, Bezeichnung der Unbekannten bzw. Variablen durch die letzten Buchstaben des Alphabets u.a.m.) hat das äußere Erscheinungsbild mathematischer Texte erheblich geprägt. Neben vielen weiteren mathematischen Einzelleistungen fand sich im Nachlaß auch eine Vorform des Eulerschen Polyedersatzes.

Von den naturwissenschaftlichen Leistungen des Descartes, die sich zum Teil auch in den Anhängen zum "Discours..." befinden, seien genannt eine Art Emissionstheorie (Kügelchen) des Lichtes und eine richtige Erklärung für das Zustandekommen des Regenbogens. Descartes formulierte einen speziellen Erhaltungssatz der Bewegung, einen noch nicht vektoriell verstandenen Impulserhaltungssatz. Bewegung erfolgt nur durch Kontakt. Alle Substanz besitzt Ausdehnung, daher kann es auch keine Atome und kein Vakuum geben. In dem durch Gott in Bewegung gesetzten Stoffmeer bilden sich Materiewirbel und auf komplizierten Wegen entstehen Zentralkörper, Kometen und Planeten. Auch der Magnetismus wird durch diffizile Hypothesen auf das Strömen von Materie in porösen Körpern zurückgeführt.

Alle Phänomene der physikalischen Welt lassen sich nach Descartes als Ergebnis der mechanischen Wechselwirkung zusammenhängender Bestandteile korpuskular aufgefaßter Materie erklären. Und wenn auch seinem Weltbild die mathematische Durcharbeitung fehlte und eine Fülle von unklaren, von ad hoc erfundenen Hypothesen herangezogen werden mußte, so erfreute sich doch die antiperipatetische Naturphilosophie von Descartes bis zum Bekanntwerden der Newtonschen Physik auf dem Kontinent ungeteilter, vielbewunderter Anerkennung.

## 4.4.2 Pierre Fermat

Fermat, Pierre (de), geboren am 20. August 1601 in Beaumont–de–Lomagne bei Toulouse, gestorben am 12. Januar 1665 in Castres bei Toulouse.

Als Sohn eines vermögenden Lederhändlers geboren, studierte Fermat vermutlich in Toulouse Rechtswissenschaften, wurde Anwalt, bekleidete seit 1631 verschiedene Ämter am obersten Gerichtshof (parlement) zu Toulouse und wurde in den Amtsadel erhoben. Aus Liebhaberei befaßte sich Fermat mit antiker Literatur und lernte so u.a. die antike Mathematik kennen. Neben seinem Ruf als Mathematiker erwarb sich Fermat auch Anerkennung als

Philologe und Dichter. Von Fermat stammen grundlegende Entdeckungen zur analytischen Geometrie, zur Infinitesimalmathematik, zur Zahlentheorie und zur Wahrscheinlichkeitsrechnung; dennoch hat Fermat nur wenig direkte unmittelbare Impulse auf den Fortgang der Wissenschaften seiner Zeit ausgeübt, da er kaum zu publizieren pflegte. Die meisten seiner Schriften wurden erst 1679 postum von seinem ältesten Sohn herausgegeben.

Fermat und Descartes gelten in der Historiographie der Mathematik als Begründer dessen, was später als analytische Geometrie bezeichnet werden wird. Es ging zunächst, wenn auch bei Descartes und Fermat in unterschiedlicher Form, um eine Verschmelzung von Algebra mit Geometrie. Fermats in dieser Hinsicht bedeutsamste Abhandlung, niedergeschrieben etwa 1635/36, trägt den Titel "Ad locos planos et solidos Isagoge" (Einführung in die ebenen und räumlichen geometrischen Örter). Der Titel ist nach heutiger Terminologie mißverständlich: Gemäß antiker Sprachführung werden Gerade und Kreis als "ebene", Parabel, Hyperbel und Ellipse als "körperliche" und alle übrigen Kurven als "lineare" Örter bezeichnet. Fermat konnte beweisen, daß alle Gleichungen, in denen zwei Variable in der ersten oder höchstens zweiten Potenz vorkommen, Kegelschnitte – also ebene und körperliche geometrische Örter – darstellen.

Vielleicht schon um 1629 könnte Fermat eine Studie über Maxima und Minima niedergeschrieben haben; die dort verwendete Methode eignet sich auch zur Behandlung des Tangentenproblems bei einigen einfachen Funktionsklassen. (Die Formulierung des Fermatschen Prinzips des ausgezeichneten Weges des Lichtstrahles erfolgte indessen erst nach 1637, nach der Publikation des "Discours de la méthode" durch Descartes und wurde zum Ausgangspunkt erbitterter Streitereien zwischen Fermat und Descartes). Auch für Quadratur- und Rektifikationsprobleme bei Parabelfunktionen leistete Fermat schrittmachende Beiträge. Anknüpfend an Diophantos, aber doch insofern von ihm abweichend, als Fermat die Lösung von Gleichungen ausschließlich auf ganze Zahlen beschränkte, kam Fermat zu Grundelementen der Zahlentheorie in einem modernen Sinne. Eines seiner Schlüsselprobleme war die Behandlung der unbestimmten Gleichung $x^2 - q = my^2$ mit nichtquadratischem $m$, insbesondere für $q = 1$. Berühmt wurde Fermats Behauptung (niedergeschrieben auf dem Rande einer Diophantausgabe), er besäße einen Beweis dafür, daß die Gleichung $x^n + y^n = z^n$ für $n > 2$ nicht ganzzahlig lösbar ist (sog. Großer Fermatscher Satz), ein Satz, der erst in jüngster Zeit endgültig bewiesen worden zu sein scheint.

Im Sommer 1654 korrespondierte Fermat mit Pascal über Probleme, die sich beim Glücksspiel ergeben. Wie sollen beispielsweise die Einsätze der Spieler aufgeteilt werden, wenn das Spiel vorzeitig abgebrochen wird? Fermat und Pascal gelten darum, neben Cardano, als Initiatoren der Wahrscheinlichkeitsrechnung; eine systematische Behandlung solcher und ähnlicher Fragen setzte bald darauf mit der Publikation von "De ludo aleae" (Über das Würfelspiel) durch Chr. Huygens ein.

### 4.4.3  Blaise Pascal

Pascal, Blaise, geboren am 19. Juni 1623 in Clermont-Ferrand, gestorben am 19. August 1662 in Paris.

Der Vater Etienne Pascal, ein höherer königlicher Verwaltungsbeamter und selbst stark an Mathematik interessiert, verließ 1631 Clermont, um sich in Paris niederzulassen. Beim Sohn Blaise trat die hohe Begabung sehr früh zutage. Der Vater unterrichtete ihn und führte ihn in Paris in den Kreis der sog. "Freien Akademie" ein, einer losen aber effektiven Gelehrtenvereinigung, die von Mersenne begründet worden war. Bereits 1640 trat der heranwachsende Blaise mit einer Erstaunen erregenden mathematischen

Abhandlung hervor. Blaise Pascal hat sozusagen zwei Leben geführt. Bei Perioden äußerst erfolgreicher Naturforschung (u.a. Luftdruckexperimente, Hydrostatik) und mathematischer Kreativität war Pascal zeitweise tief in philosophische, vor allem aber religiöse Gedankengänge und Gedankenzwänge verstrickt, insbesondere in die des reformkatholischen Jansenismus, der jedoch in Frankreich hart bekämpft wurde. (Über diese ausgedehnte Seite seiner Tätigkeit und Publikationen wird hier jedoch nicht berichtet).

Als 12jähriger hatte sich Pascal den Inhalt der "Elemente" des Euklid angeeignet, studierte dann Apollonios und fand in Paris den Zugang zu den Ideen von Desargues zur projektiven Geometrie. Die Abhandlung von 1640 ("Essay pour les coniques") enthält eine bereits projektive Behandlungsweise der Kegelschnitte und eigene Forschungsergebnisse. Eine größere zusammenhängende Darstellung "Conica" wurde nie publiziert; das Manuskript gilt als verschollen. Anknüpfend an Cavalieri und die Indivisibelntheorie gelang Pascal die Quadratur (Integration) der allgemeinen Potenzfunktion. Bei der Quadratur des Viertelkreises verwendete Pascal das heute als "charakteristisches Dreieck" bezeichnete Steigungsdreieck der Tangente; Leibniz erkannte an diesem Pascalschen Manuskript die Verallgemeinerungsfähigkeit der Methode und damit den Zugang zum allgemeinen Tangentenproblem. Pascal gehört somit in die erste Reihe der Wegbereiter der Infinitesimalrechnung.

Weitere mathematische Abhandlungen Pascals betreffen u.a. das sog. Pascalsche Dreieck ("Traité du triangle arithmétique", 1654 niedergeschrieben, 1665 erst ausgeliefert) und Forschungsergebnisse u.a. zur Zykloide ("Lettres ...contenant quelques-unes de ses inventions de géométrie", 1659 ). Im Briefwechsel mit Fermat und Huygens entwickelte Pascal am konkreten Fall von Glücksspielen Grundgedanken der Wahrscheinlichkeitsrechnung.

Pascals Vater war als Steuerinspektor zu umfangreichen Rechnungen genötigt. Pascal dachte seit 1642 über eine Rechenmaschine nach, die seinem Vater nützlich sein sollte. Eine Maschine, die Additionen und Subtraktionen definitiv ausführen konnte, wurde nach vielen Mühen 1645 vollendet. Pascal bemühte sich um eine serienmäßige Produktion seiner Machine und um einen organisierten Verkauf; detaillierte Angaben über Stückzahlen und Verkaufserlöse sind unbekannt.

### 4.4.4 Isaac Newton

Newton, Isaac, geboren am 25. Dezember 1642 in Woolsthorpe (Lin-
colnshire, England), gestorben am
20. März 1727 in London.

Einsichtsvolle Verwandte ermöglichten dem eigentlich für die Land-
wirtschaft bestimmten Sohn eines
Landpächters 1661 den Eintritt in
die Universität Cambridge, wo er
in I. Barrow, dem Inhaber einer
der wenigen naturwissenschaftlich
orientierten Lehrstühle, einen hervorragenden akademischen Lehrer
fand. Wegen eines Pestzuges hielt
sich Newton mit Unterbrechungen
1665 bis 1667 auf dem Lande, in
seiner Heimat, auf und konzipierte
dort fast alle grundlegenden Ideen

seines in der Wissenschaftsgeschichte einzigartigen Lebenswerkes. Newton
durchlief in Cambridge rasch die akademische Stufenleiter. Er wurde 1664
scholar, 1667 minor fellow, im März 1668 major fellow und im Juli 1668 ma-
ster of arts. Bereits 1669 folgte Newton seinem Lehrer Barrow auf dessen Lehrstuhl. Am 11. Januar 1672 wurde Newton in Anerkennung seiner Verdienste
um die Konstruktion des Spiegelteleskopes Mitglied der Royal Society. Nachdem er 1686 zum Aufseher und 1699 zum Direktor der Königlichen Münze
berufen worden war, gab er 1701 sein Lehramt in Cambridge auf. Aufgrund
seiner Verdienste an der Münze, insbesondere der von ihm organisierten Um-
prägung aller Münzen, wurde Newton 1705 in den Adelsstand erhoben. Bereits
im Jahre 1703 war er zum Präsidenten der Royal Society gewählt worden und
behielt dieses verantwortungsvolle Amt, ständig wiedergewählt, bis zu seinem
Tode. Als einer der ersten Naturforscher überhaupt erhielt Newton ein Staats-
begräbnis; er wurde in der Westminster Abbey beigesetzt.

Newton war in erster Linie Naturforscher. Seine Beiträge zur Optik umfassen die Konstruktion eines Spiegelteleskopes, die Licht- und Farbentheorie
("Opticks", 1704), die Formulierung des allgemeinen Gravitationsgesetzes und
insbesondere den mathematischen Beweis, daß aus dem Gravitationsgesetz die
Keplerschen Gesetze der Planetenbewegung folgen und umgekehrt. Im Sommer
1687 erschien nach jahrelangen intensivsten Studien eines der bedeutendsten
Werke der Geschichte der Naturwissenschaften, die "Philosophiae naturalis
principia mathematica" (etwa: Mathematische Prinzipien der Naturwissenschaft), kurz "Principia" genannt. Dort werden in Buch I in axiomatisierter

Form die Grundlagen der Dynamik gelegt; Kraft bewirkt Änderung des Bewegungszustandes und ist Ursache einer Beschleunigung. Buch II behandelt ganz allgemein Bewegungen in widerstrebenden Medien, Buch III die konkreten Bewegungen der Planeten und Monde des Sonnensystems auf Grundlage ausgemessener astronomischer Daten, die Gezeiten, die Präzession der Äquinoktien, die Kometen und vieles andere mehr.

Newton hat sich intensiv jahrzehntelang mit Problemen der Legierung von Metallen, der Wirkung von Säuren und Salzen und der wissenschaftlichen Deutung alchimistischer Schriften befaßt; seine chemischen bzw. alchimistischen Manuskripte sind teilweise noch unerschlossen. Nur eine kleinere Schrift über die Natur der Säuren hat Newton 1704 zum Druck gebracht.

Auf mathematischem Gebiet ist Newton insbesondere in der Infinitesimalmathematik und der Algebra hervorgetreten. Indem er an Vorstellungen von Cavalieri, Pascal und Barrow anknüpfte, schuf er eine spezielle, physikalisch orientierte Form der Infinitesimalmathematik, die als Theorie der fließenden Größen (Fluenten) bezeichnet werden könnte, in der Wissenschaftsgeschichte aber Theorie der Fluxionen genannt wird: Alle veränderlichen Größen sind physikalische Größen, die von der objektiv verlaufenden Zeit abhängen; diese nannte Newton Fluenten, die Geschwindigkeiten (ihre Ableitungen nach der Zeit) Fluxionen. Der Bestimmung der Fluxionen aus den Fluenten entspricht die heutige Differentiation, und die Bestimmung der Fluenten aus einer Fluxionen enthaltenden Beziehung entsprechen Integration und Auflösung von gewöhnlichen Differentialgleichungen. Darüber hinaus entwickelte Newton eine Theorie der unendlichen Reihen, deren Kernstück die Binomialreihe war. Die Grundeinsichten Newtons auf mathematischem Gebiet gehen ebenfalls in die Mitte der 60er Jahre zurück. Einige zusammenhängende Manuskripte zur Infinitesimalrechnung hatte er bereits Ende der 60er Jahre fertiggestellt. Der Druck jedoch erfolgte teilweise erst sehr viel später, der der Reihenlehre z.B. erst 1711. Eine Abhandlung zur Quadratur der Kurven erschien 1704 als Anhang zu den "Opticks", die Fluxionsrechnung (" The Method of Fluxions and Infinite Series") sogar erst 1736 postum. Newton wurde in einen unerquicklichen Prioritätsstreit mit Leibniz um die Entdeckung der Differential- und Integralrechnung (nicht der Theorie der unendlichen Reihen) verwickelt; historische Forschungen haben indes erwiesen, daß Newton und Leibniz unabhängig voneinander ihre spezifischen Formen der Infinitesimalmathematik gefunden haben.

Newtons Hauptbeitrag zur Algebra besteht in einem Lehrbuch der Algebra ("Arithmetica universalis", gedruckt 1707), das unter anderem die nach Newton benannten Formeln für die Potenzsummen der Wurzeln enthält; ferner lieferte er eine Klassifizierung der Kurven dritter Ordnung, ebenfalls als Anhang zu den "Opticks".

### 4.4.5   Gottfried Wilhelm Leibniz

Leibniz, Gottfried Wilhelm, geboren
am 1. Juli 1646 in Leipzig, gestorben
am 14. November 1716 in Hannover.
Leibniz, Sohn eines Leipziger Uni-
versitätsprofessors, erwarb sich
schon als Kind autodidaktisch
bedeutende Kenntnisse, wurde mit
15 Jahren Student und 1664 Magister in Leipzig und promovierte
mit 20 Jahren an der Universität
Altdorf. Im diplomatischen Auftrag
des Mainzer Kurfürsten gelangte
Leibniz 1672 nach Paris und machte dort sowie bei Aufenthalten in
England Bekanntschaft mit den
neuesten Ergebnissen der Wissenschaft; Deutschland litt noch unter
den Folgen des 30jährigen Krieges.

Da Leibniz in Paris keine Anstellung finden konnte, trat er als Bibliothekar
und juristischer Berater 1676 in den Dienst der Herzöge von Hannover und ent-
faltete eine umfangreiche und weitgespannte Tätigkeit, die jedoch von seinen
Dienstherren in ihrer Bedeutung nicht gewürdigt wurde. Einsam und verbit-
tert, von Krankheiten gezeichnet, verbrachte Leibniz die letzten Lebensjahre.

Als universeller Denker nimmt Leibniz in der Geschichte des philosophischen
Denkens, der Mathematik, der Mechanik, der Naturwissenschaften ebenso wie
in Theologie und Geschichtswissenschaften eine exponierte Stellung ein. Darüberhinaus war er aktiv handelnd in Politik und Wissenschaftsorganisation,
als Förderer von Technik und Produktion tätig.

Neben einigen Bemerkungen zur Leistung von Leibniz in den Naturwissenschaften kann hier im wesentlichen nur auf seine mathematischen Arbeiten
eingegangen werden; es sei aber betont, daß diese Teilaspekte seines Wirkens
in enger inhaltlicher Beziehung zu seiner Naturphilosophie (etwa der Mona-
denlehre) und seiner Erkenntnistheorie stehen.

Als Naturforscher griff Leibniz 1686 und 1695 mit Publikationen in die Diskus-
sion um das wahre Maß der Kräfte ein. Trotz der damals noch nicht behobenen
Unklarheiten im Gebrauch des Wortes Kraft hat sich Leibniz einer Vorform
des Energieerhaltungssatzes beim unelastischen Stoß genähert. Ende der 60er
Jahre, noch vor dem Pariser Aufenthalt, war Leibniz Mitglied des Bundes der
Rosenkreuzer und nahm an deren alchimistischen Experimenten und Studi-

en regen Anteil. Auch während seines Aufenthaltes in England war Leibniz 1673 häufiger Gast bei chemischen Experimenten von Boyle. Von Hannover aus bemühte sich Leibniz um die Anerkennung des Phosphor–Entdeckers H. Brand. In biologisch–geologischen Zusammenhängen erkannte Leibniz die in der Natur vor sich gehende Evolution.

Leibniz wurde durch Weigel während eines kurzen Studiums in Jena in Mathematik, in Naturwissenschaft und in die Naturphilosophie von Descartes eingeführt; entscheidend aber wurde erst der Pariser Aufenthalt mit Abstechern nach London, der ihm den Zugang zu herausragenden Mathematikern (Huygens, Pascal, Fabri, Wallis, Gregori, Newton, Pell, u.a.) bzw. deren Abhandlungen und Ideen eröffnete. Zunächst erzielte Leibniz 1672/73 einige Erfolge bei der Summation unendlicher Reihen (z.B. Summe der reziproken Dreieckszahlen). 1673 wurde er mit Pascals Schrift über die Quadratur des Kreises bekannt und erkannte dort die Bedeutung des heute als charakteristisches Dreieck bezeichneten Dreieckes für das allgemeine Tangentenproblem. Im Oktober 1675 faßte Leibniz entscheidende Grundgedanken seiner Infinitesimalmathematik (Calculus generalis) und erkannte den wechselseitigen Zusammenhang von Quadratur und Tangentenproblem (Integration und Differentiation).

Die Lebensumstände haben es Leibniz nicht erlaubt, die ihm vorschwebende zusammenhängende Darstellung einer Wissenschaft vom Unendlichen niederzuschreiben; er konnte nur, allerdings sehr wesentliche, Teilergebnisse zum Calculus veröffentlichen: Die Reihe für $\pi/4$ und das Konvergenzkriterium für alternierende Reihen (1682), Ergebnisse zur Differentialrechnung (1684) (erstmals das Zeichen $d$ im Druck; Differentiationsregeln bis hin zur Kettenregel; Bedingungen für Extremwerte und Wendepunkte) und Grundregeln der Integralrechnung (1686) (erstmals das Integralzeichen als Abkürzung von Summa im Druck; das Wort "Integral" geht auf Johann I Bernoulli zurück). Später fand Leibniz noch weitere grundlegende Einzelergebnisse, z.B. zur Integration einiger Klassen von gewöhnlichen Differentialgleichungen, zur Berührung von Kurven und zur Theorie der Enveloppen, zur Anwendung des Calculus auf physikalische Probleme (u.a. Belastung eines Balkens, Fallbewegung im widerstrebenden Medium, Isochrone, Kettenlinie).

Leibniz hatte schon in seiner Jugendzeit die Idee einer Begriffsschrift vorgeschwebt, mit der es möglich sein würde, aus allen denkmöglichen Aussagen, welche durch Kombination der die Begriffe symbolisierenden Buchstaben und Zeichen gebildet werden können, die richtigen Aussagen durch eine Art von Algebra herauszufinden, d.h. die wahren Sachverhalte durch Rechnung aus den denkmöglichen auszusondern. Diese Idee hat Leibniz, wie der Nachlaß ausweist, teilweise sogar durchgeführt und damit in einem gewissen Sinne Elemente der mathematischen Logik moderner Prägung vorgedacht. Überhaupt

treten bei der Erschließung des Nachlasses von Leibniz auch mathematische
Ergebnisse zutage, die von ihm erzielt, aber nicht veröffentlicht worden sind.
Das betrifft etwa eine weitreichende Theorie des Determinantenkalküls.

Nach Schickhardt und Pascal gehört auch Leibniz zu den Wegbereitern des
maschinellen Rechnens. Er hatte 1672 durch einen Pariser Mechaniker ein
noch rohes Modell einer Rechenmaschine anfertigen lassen. Auf einem Wett-
bewerb Mitte Februar 1673 vor der Royal Society in London erwies sich seine
Maschine, die auch Multiplikationen und Divisionen ausführen konnte, zwar
als prinzipiell überlegen im Vergleich zur konkurrierenden Maschine von Mor-
land, versagte aber wegen technischer Mängel. Erst 1674, wieder in Paris, fügte
Leibniz noch eine entscheidende Verbesserung hinzu; die Erfindung der Staffel-
walze ermöglichte die automatische Übertragung von Zahlenwerten in andere
Dezimalstellen. Durch die Hilfe des französischen Feinmechanikers Olivier war
es möglich, noch 1674 ein prinzipiell funktionsfähiges Exemplar zu vollenden.
Überdies war sich Leibniz der Bedeutung des binären Zahlensystems bewußt;
eine entsprechende Abhandlung erschien 1697.

Der Gebrauch des Wortes Funktion als eines mathematischen Fachausdruckes
geht auf Leibniz zurück. Hatte er anfangs von "relatio" zwischen Ordinaten
und Abszissen gesprochen, so verwendete er "Funktion" bereits 1692 und 1694;
im Briefwechsel zwischen Leibniz und Johann I Bernoulli, zwischen 1694 und
1698, einigte man sich auf Funktion und die Termini Konstante, Variable,
Koordinate, Parameter, algebraische und transzendente Funktion.

Wie Newton wurde auch Leibniz in den unglückseligen Prioritätsstreit über
die Entdeckung der Infinitesimalrechnung verwickelt. Heute steht fest, daß
der Leibnizsche Calculus und die Newtonsche Fluxionsrechnung voneinander
unabhängig erfunden worden sind. Obgleich Leibniz nicht mehr zu der beabsichtigten systematischen Darlegung der Infinitesimalrechnung gekommen
ist und obwohl er die ihm wohlvertrauten begrifflichen Schwierigkeiten beim
Umgang mit Differentialen nicht bewältigen konnte (ähnlich wie Newton bei
der Auseinandersetzung um den Fluxionsbegriff), setzte sich auf dem Kontinent die Infinitesimalmathematik Leibnizscher Prägung überaus rasch durch.
In den Händen von Johann I Bernoulli und Jakob I Bernoulli erwies sich ihre Leistungsstärke, nicht zuletzt wegen der geschickten Bezeichnungsweisen.
Leibniz, der die Rolle einprägsamer mathematischer Zeichenschrift deutlich
erkannt und ausgesprochen hat, gehört zu den Schöpfern der modernen mathematischen Symbolik. Neben dem Differentialzeichen und dem Integralzeichen
gehen die Verwendung von Indizes und Doppelindizes, die heutige Proportio-
nenschreibweise sowie eine Art von Determinantenkalkül auf ihn zurück.

Durch Vermittlung der hannoverschen Prinzessin Sophie Charlotte, der späteren Königin von Preußen, wurde auf Betreiben von Leibniz in Berlin eine

Akademie ("Societät der Wissenschaften") gegründet. Pläne zur Errichtung weiterer Akademien in Wien und Dresden zerschlugen sich. Dagegen nahm Leibniz, der mit Zar Peter I mehrfach zusammentraf, wesentlichen Einfluß auf Struktur und Aufgaben der 1724 in St. Petersburg errichteten Akademie sowie auf die Erforschung und Erschließung des riesigen Reiches. Leibniz war Mitglied der Royal Society, der Pariser Akademie, erster Präsident der Berliner Akademie und russischer Staatsrat.

## 4.4.6 Mathematikerfamilie Bernoulli

Jakob

Johann

Die Familie Bernoulli war ursprünglich in den Niederlanden ansässig. Während des Befreiungskampfes der Niederlande gegen die Spanier wanderte ein Bernoulli nach Frankfurt/M. aus; einer seiner Enkel – ein Jakob Bernoulli – siedelte nach Basel über. Sein Sohn Niklaus Bernoulli (1623–1708) wurde Stammvater der Mathematikerfamilie Bernoulli; sie hat in drei Generationen acht kreative Mathematiker hervorgebracht, drei davon von herausragender Bedeutung: Jakob I B., Johann I B. und Daniel Bernoulli. (Da die Vornamen Johann usw. von Generation zu Generation weitergegeben wurden, deuten römische Ziffern die Reihenfolge an; s. Stammbaum der Bernoulli-Familie. In Mathematikerbiographien, 4. Auflage, S. 222).

Jakob I Bernoulli, geboren am 27. Dezember 1654 in Basel, gestorben am 16. August 1705 in Basel.

Jakob I Bernoulli studierte auf väterlichen Wunsch bis 1676 Theologie an der Universität Basel, machte sich aber schon mit Mathematik und Astronomie bekannt. Anschließend führten ihn Reisen durch die Schweiz, nach Frankreich, den Niederlanden, England und Deutschland und brachten ihn in Verbindung zu führenden Naturforschern seiner Zeit. Im Oktober 1682 kehrte er nach Basel zurück und begann 1683, Vorlesungen über Experimentalphysik zu halten. Als Leibniz 1684 mit seinen Veröffentlichungen zum Calculus begonnen hatte, arbeitete sich Johann I B. (in der Folgezeit zusammen mit seinem um 13 Jahre jüngeren Bruder Johann I B.) in die Infinitesimalmathematik ein, korrespondierte mit Leibniz und erhielt 1687 in Basel einen Lehrstuhl für Mathematik, der nach seinem frühen Tode vom Bruder Johann I B. übernommen wurde.

Der jüngere Bruder Johann I B. verdankt seinem Bruder Jakob I B. sehr viel und anfangs haben sie in enger Verbindung gestanden. Daher kann man gelegentlich ihre Anteile an Arbeiten und Ideen zur Infinitesimalmathematik schwer voneinander trennen. Doch entzweiten sich die Brüder vollständig und haben sich in aller Öffentlichkeit beschimpft und beleidigt.

Beide Brüder waren außergewöhnlich produktive Mathematiker. Jakob I entwickelte zwar die tieferliegenden Vorstellungen, wurde aber von seinem Bruder in der Handhabung des Kalküls und der Eleganz der Lösungen übertroffen.

Ausgehend von astronomischen und physikalischen Studien (Kometentheorie, Gravitation, Aero- und Hydrostatik) wandte sich Jakob I B. zunächst der traditionellen Mathematik zu, insbesondere Kurvenuntersuchungen. Eine weitere Gruppe von Studien betrifft unendliche Reihen: Divergenz der harmonischen Reihe; Reihentransformation; Quadratur und Rektifikation von Kurven, indem die entsprechende Funktion in eine Reihe entwickelt wird, mit nachfolgender gliedweiser Integration.

Um die Wirksamkeit des neuen Calculus (der Leibnizschen Infinitesimalrechnung) zu erweisen, formulierten Leibniz und die Brüder Bernoulli, teilweise in Form öffentlicher Herausforderungen, eine Reihe bemerkenswerter Probleme, u.a. Isochrone, Kettenlinie, Brachystochrone, Gestalt eines gebogenen Balkens, Form eines vom Winde geblähten Segels u.a.m.

So gelang Jakob I B. 1690 die Lösung der 1686 von Leibniz gestellten Aufgabe, jene Kurve zu finden, längs der ein Körper im Gravitationsfeld mit gleichbleibender Geschwindigkeit (Isochrone) fällt; in dieser Publikation tritt zum erstenmal das Wort Integral auf. Gemeinsam mit Johann I B. wurden Kaustiken (Einhüllende von Strahlensystemen, die bei Brechung oder Reflexion auftreten) studiert. Es folgten Arbeiten über die Kettenlinie (1691), die Schleppkurve (Traktrix) (1693). Jakob I B. ergründete die wunderbaren Eigenschaften der logarithmischen Spirale ("spira mirabilis"); eine Spirale ist deshalb in seinem Grabstein eingemeißelt.

1696 stellte Johann I B. das Problem der Brachystochrone (Kurve des schnellsten Falles). Leibniz löste das Problem am selben Tage, als er es kennenlernte. Johann besaß schon die Lösung (Zykloide) auf Grund eines Rückgriffes auf Fermats Prinzip des kürzesten Lichtweges. Jakob I B. dagegen fand einen rechnerisch aufwendigen Lösungsweg, aber auch die Grundidee der Variationsrechnung. Nach Differenzen mit seinem Bruder Johann I B. stieß Jakob I B. zur Formulierung des allgemeinen isoperimetrischen Problems vor, als Herausforderung an seinen Bruder, der die Aufgabe aber nur zum Teil lösen konnte und sogar nicht einsehen wollte, daß seine Lösung unvollständig war. Von nun an verschärften sich die Auseinandersetzungen zwischen den Brüdern erheblich. Jakob I B. veröffentlichte 1701 die vollständige Lösung mit neuartigen Ansätzen; diese Arbeit gilt als Geburtsstunde der Variationsrechnung. Erst nach dem Tode des Bruders gab Johann I B. erhebliche kalkülmäßige Vereinfachungen; Euler und Lagrange gründeten hierauf die Methoden der klassischen Variationsrechnung und ihrer Anwendungen in der Physik.

Jakob I B. hatte sich seit etwa 1685 mit Wahrscheinlichkeitsrechnung befaßt. Neben einer Definition der Wahrscheinlichkeit als Grad der Gewißheit gelang Jakob I B. nach langen Mühen, etwa 1690, die Formulierung des Gesetzes der großen Zahl. Das für die Geschichte der Wahrscheinlichkeitsrechnung außerordentlich wichtige Manuskript wurde vom Neffen Niklaus I B. im Jahre 1713 aus dem Nachlaß als Buch herausgegeben, unter dem Titel "Ars conjectandi" (Kunst des Vermutens).

Johann I Bernoulli, geboren am 6. August 1667 in Basel, gestorben am 1. Januar 1748 in Basel.

Johann I B. brach aus der ihm vom Vater auferlegten kaufmännischen Lehre aus und durfte dann Medizin in Basel studieren. Gleichzeitig betrieb er insgeheim mathematische Studien unter Anleitung seines älteren Bruders Jakob I B. Nach dem Ende des Medizinstudiums, 1690, unternahm Johann I B. Reisen nach Genf und Paris; dort unterwies er den Marquis de l'Hospital in der Leibnizschen Infinitesimalmathematik. (Das unter l'Hospitals Namen publizierte Lehrbuch "Analyse des infiniment petits", 1696, geht inhaltlich fast ausschließlich auf Johann I B. zurück, der es dem Marquis gegen ein erhebliches Honorar überlassen hatte). Nach einer Arbeit über die Gärung, die bereits aus dem Jahre 1690 stammte, promovierte Johann I B. 1694 in Basel zum Doktor der Medizin. Seit 1693 in regelmäßigem Briefwechsel mit Leibniz stehend, erhielt Johann I B. 1695 eine Berufung nach Groningen. Nach dem Tode des Bruders Jakob I B. übernahm er dessen Lehrstuhl für Mathematik in Basel.

Johann I B. wurde der Hauptvertreter der Leibnizschen Infinitesimalmathematik, insbesondere nach dem Tode (1716) von Leibniz. So nahm er die Partei
von Leibniz im Prioritätsstreit um die Erfindung der Infinitesimalmathematik
und fand hervorragende Mitstreiter, u.a. Euler, Maupertuis, Cramer, Clairaut,
die ihrerseits der Infinitesimalmathematik Leibnizscher Prägung auf dem Kontinent zum endgültigen Sieg verhalfen. Johann I B. löste 1691 das 1690 vom
Bruder Jakob I B. gestellte Problem der Kettenlinie. Gemeinsam studierten
sie 1692/93 katakaustische Kurven. Schon 1691/92 verfaßte Johann I B. Lehrbücher der Differentialrechnung und der Integralrechnung. 1694 formulierte
Johann I B. das Problem der isogonalen und orthogonalen Trajektorien einer
Kurvenschar; hier schloß sich Jakob I B. mit Studien zu geodätischen Kurven-
scharen an. Nach 1716 wandte sich Johann I B. erneut der Variationsrechnung
zu und fand die dem Variationsproblem zugehörige sog. Eulersche Differentialgleichung. Auch der Begriff des Richtungsfeldes einer Differentialgleichung
findet sich bei Johann I B.

In die Basler Zeit fallen ferner eine Fülle von Anwendungen des neuen Kalküls
auf Probleme der Physik, insbesondere solcher der Mechanik und Hydrau-
lik, u.a. Neigung der Planetenbahnen gegen den Sonnenäquator, Prinzip der
virtuellen Geschwindigkeiten, Schwingungen von mechanischen Systemen, Hy-
draulik (unabhängig vom Sohne Daniel B.), Klappbrücke u.v.a.m.

Wegweisend wurde Johann I B.s Formulierung (1718) des Begriffs der Funk-
tion als einer Größe, die "in irgendeiner Weise" aus der Veränderlichen und
Konstanten zusammengesetzt ist; "in irgendeiner Weise" bedeutet dabei die
Verwendung der arithmetischen Operationen.

Daniel Bernoulli, geboren am 8. Februar 1700 in Groningen, gestorben am 17.
März 1782 in Basel.

Vom Vater Johann I B. zum Kaufmann bestimmt, wurde Daniel von seinem
älteren Bruder Niklaus II B. von 1711 an in die Mathematik eingeführt; 1716
wurde er Magister der Philosophie. Nach langem Drängen gestattete ihm der
Vater das Medizinstudium in Basel, Heidelberg und Straßburg. 1721 promovierte er in Basel zum Doktor der Medizin, um später, gemeinsam mit Euler
und Niklaus II B., vom Vater Johann I N. in die höhere Mathematik eingeführt
zu werden. (Indessen kam es später zwischen Vater und Sohn zu erheblichen
Differenzen und Mißhelligkeiten).

Da Daniel in Basel keine Professur erhalten konnte, hielt er sich seit 1723 in
Italien auf und vertiefte seine praktischen medizinischen Kenntnisse, begann
aber auch mit der Publikationstätigkeit zur Mathematik (Riccatische Diffe-
rentialgleichung). Dies führte 1725 zu einer Berufung an die Akademie der
Wissenschaften nach St. Petersburg, zusammen mit seinem Bruder Niklaus II
B. (der allerdings schon 1726 an Krebs verstarb). 1727 folgte Euler ebenfalls

einem auf Betreiben der Brüder ergangenen Ruf nach St. Petersburg.

Daniel war anfangs Professor der Physiologie, dann aber bald der Mathematik. Da er das rauhe Klima schwer vertrug, verließ er 1733 St. Petersburg, um schließlich in Basel eine Professur für Anatomie und Botanik anzutreten. Dort widmete er sich mit bedeutenden Arbeiten der Medizin (u.a. Blutkreislauf, Herztätigkeit, medizinische Statistik) und der Physik (u.a. Meeresströmungen, Inklination).

Für die Mathematik sind hauptsächlich die acht Jahre in St. Petersburg von Bedeutung. Neben Beiträgen über rekurrente Reihen, Kettenbrüche und Wahrscheinlichkeitsrechnung (u.a. Beweis, daß die Vorteile der Pockenschutzimpfung deren Nachteile überwiegen), hat Daniel B. herausragende Arbeiten zu Mathematik und mathematischer Physik verfaßt, die ihn in die erste Reihe der Naturforscher und Mathematiker seiner Zeit, neben Euler und d'Alembert, stellen.

Unabhängig von seinem Vater gelang Daniel die mathematische Behandlung hydrodynamischer Probleme. Seine "Hydrodynamica sive de viribus et motibus fluidorum" (Hydrodynamik oder über die Kräfte und Bewegungen der Flüssigkeiten) erschien 1738 und behandelte auf der Grundlage des Prinzips der lebendigen Kräfte inkompressible und reibungsfreie Flüssigkeiten. Außerdem finden sich dort bemerkenswerte Ansätze einer kinetischen Gastheorie.

Daniel B. veranlaßte Euler, die Balkenbiegung als Variationsproblem zu behandeln und trug so zur Fortentwicklung der Variationsrechnung bei. Anfang der 50er Jahre griff Daniel B. in die Diskussion um die Behandlung der schwingenden Saite ein und beeinflußte sie nachhaltig. Ausgehend vom physikalisch verstandenen und damit als unbestreitbar richtig vorausgesetzten Prinzip der Superposition (Überlagerung) behauptete Daniel B., daß die Lösung des Schwingungsproblems durch eine trigonometrische Reihe dargestellt werden könne und daß sogar unstetige Funktionen eine solche Darstellung gestatten. Von hier führte ein direkter Weg über Fourier ("Théorie de la chaleur") zu Dirichlet und Riemann und letzten Endes zur Mengenlehre Cantors.

# 4.5 Mathematiker des Aufklärungszeitalters

## 4.5.1 Leonhard Euler

Euler, Leonhard, geboren am 15. April 1707 in Basel, gestorben am 18. September 1783 in St. Petersburg.

Als Sohn eines an Mathematik interessierten Pfarrers geboren, nahm Euler 1720 das Studium an der Universität Basel auf, anfangs das der Theologie und orientalischer Sprachen, dann aber das der Mathematik bei Johann I Bernoulli. Mit zwanzig Jahren, 1727, promovierte Euler mit einer Arbeit über den Schall, konnte aber seines jugendlichen Alters wegen in Basel keine Stelle erhalten und folgte einem von Bernoulli vermittelten Ruf an die 1724 in St. Petersburg von Peter dem Großen gegründete Akademie. Im Jahre 1738 verlor er die Sehfähigkeit des rechten Auges. Die politische Instabilität am russischen Hofe veranlaßte Euler 1741, einer Einladung des preußischen Königs Friedrich II. an die Berliner Akademie zu folgen; dort wurde er unter der Präsidentschaft von Maupertuis Präsident der Klasse für Mathematik. Doch blieb Euler in engem Kontakt zu Petersburg. Mißhelligkeiten an der Berliner Akademie, noch verstärkt durch das Unverständnis des Königs, führten dazu, daß Euler 1766 nach St. Petersburg zurückging, von der russischen Zarin Katharina II. mit großen Ehren und finanziellen Zuwendungen empfangen. Dort wirkte er, seit 1771 fast völlig erblindet, aber von seinem Sohn Johann Albrecht und jüngeren Mathematikern bei der Niederschrift und Ausarbeitung der Publikationen unterstützt, unermüdlich bis zu seinem Tode.

Euler hat ein gewaltiges wissenschaftliches Werk hinterlassen; er dürfte der produktivste Mathematiker der Weltgeschichte gewesen sein. Das Verzeichnis der von ihm verfaßten Bücher und Abhandlungen umfaßt mehr als 800 Titel. Die bisher erschienenen Bände seiner Gesammelten Werke machen schon mehr als 40 Quartbände aus; weitere sind in Vorbereitung. Dazu kommen reichlich 3000 Briefe wissenschaftlichen Inhaltes.

Euler hat auf allen Gebieten der Mathematik herausragende, wegbereitende Ergebnisse erzielt und zugleich der Mathematik eine Fülle neuer Anwendungen in Astronomie, Mechanik, Physik, Schiffsbau, Geodäsie, Ballistik und Turbinenbau eröffnet.

Euler schuf den modernen Typ des Lehrbuches, das vom Elementaren bis zum aktuellen Forschungsstand führt; er selbst hat eine Serie von Lehrbüchern geschrieben, die die nachfolgenden Mathematikergenerationen geprägt hat. Aus der ersten Petersburger Periode stammen u.a. eine Mechanik ("Mechanica sive motus scientia analytice exposita", 1736), in der erstmals die Mechanik systematisch mit den Mitteln der Infinitesimalmathematik dargestellt wird, eine Musiktheorie, eine zweibändige Schiffstheorie ("Scientia navalis", 1749). In den 25 Jahren der Berliner Zeit entstanden die wesentlichen Abhandlungen zur Variationsrechnung ( u.a. "Methodus inveniendi lineas curvas maximi minimive proprietate gaudentes", 1744), eine Einführung in die Infinitesimalmathematik ("Introductio in analysin infinitorum", 1748), eine Differentialrechnung ("Institutiones calculi differentialis", 1755), eine Theorie der Mondbewegung ("Theoria motus lunae", 1753), eine dreibändige Sammlung philosophischer Briefe u.a.m. In der zweiten Petersburger Periode schuf Euler u.a. eine dreibändige Integralrechnung ("Institutiones calculi integralis", 1768–1770), eine zweibändige "Vollständige Anleitung zur Algebra" (1770, vorher in russischer Übersetzung) und eine dreibändige "Dioptrica" (1769–71).

Hier, in dieser auf die Mathematik zugeschnittenen, kurzen Biographie Eulers, bleiben die naturwissenschaftlichen und technischen Leistungen Eulers (Hydrodynamik, Bahnbewegungen der Planeten, Mondbewegungen, Elastizitätstheorie, Artilleriewesen, Schiffsbau, Kartographie, Dioptrik, achromatische Gläser u.v.a.m.) außer Betracht; doch es muß betont werden, daß gerade durch die Leistung von Euler die Behandlung von astronomischen und physikalischen Problemen mit den Methoden der Infinitesimalmathematik zum Gemeingut der Mathematiker wurde.

Aber auch hinsichtlich der von Euler erzielten mathematischen Ergebnisse kann nur eine Auswahl getroffen werden; mehr als 50 Begriffe, Sätze und Methoden sind nach Euler benannt.

Euler rückte beim Aufbau der Analysis den Funktionsbegriff in den Vordergrund; die Entwicklung in Potenzreihen wurde zum Hauptmittel beim Studium der Eigenschaften von Funktionen. Mit der von ihm herausgestellten Beziehung $e^{ix} = \cos x + i \sin x$ war der Zugang zur späteren Theorie der Funktionen komplexer Variablen eröffnet. Integrationsverfahren und Lösungen von Differentialgleichungen führten auf neue Klassen transzendenter Funktionen (Gamma–Funktion, Beta–Funktion). Auf Euler geht der Lösungsansatz $y = e^{ax}$ für die homogene lineare Differentialgleichung mit konstanten Koeffizienten zurück; die zugehörige inhomogene Gleichung behandelte er mit der Methode des integrierenden Faktors. Partielle Differentialgleichungen gehörten, im Zusammenhang mit physikalischen, insbesondere mechanischen Fragestellungen, zu einem der Hauptarbeitsgebiete von Euler. Das Problem der schwingenden Saite führte auf die prinzipiell wichtige Frage, welche Funktionen durch trigonometrische Reihen darstellbar sind; von hier führte ein direkter Weg zur Grundlegung der Analysis am Beginn des 19. Jahrhunderts und schließlich sogar zur Mengenlehre Cantors. Euler verdankt man letzten Endes, nach den Bernoullis, zusammen mit Lagrange, die Etablierung der Variationsrechnung als einer neuen selbständigen mathematischen Disziplin: Euler formulierte das allgemeine Variationsproblem und gab als notwendige Bedingung für eine Extremale die heute nach ihm benannte Diffentialgleichung an. In der Algebra sprach Euler zuerst den Satz aus, daß alle Wurzeln eines jeden Polynoms von der Form $a+ib$ sind; "höhere" komplexe Zahlen sind zur Lösung algebraischer Gleichungen nicht nötig.

Die Zahlentheorie hat Euler mit einer Fülle von tiefliegenden Sätzen bereichert. So widerlegte er Fermats Behauptung, daß alle Zahlen der Form $2^{2^n} + 1$ Primzahlen sind (Gegenbeispiel $n = 5$). Er bewies den sog. kleinen Fermatschen Satz, führte die nach ihm benannte zahlentheoretische Funktion $\phi(n)$ ein, bewies den großen Fermatschen Satz für den Exponenten 3, benutzte in der von ihm wesentlich mitbegründeten analytischen Zahlentheorie die Zetafunktion und fand bereits wesentliche ihrer Eigenschaften (u.a. Produktdarstellung). An Hand umfangreichen Zahlenmaterials erkannte Euler das quadratische Reziprozitätsgesetz, konnte aber noch keinen Beweis angeben.

Die Anwendung infinitesimaler Methoden durch Euler brachte eine Vielzahl von geometrischen Ergebnissen hervor, die wir heute der Differentialgeometrie von Kurven und Flächen zurechnen. Die Lösung des berühmten sog. Königsberger Brückenproblems und der sog. Eulersche Polyedersatz gehören in die Frühgeschichte der Graphentheorie bzw. der kombinatorischen Topologie.

Neben Descartes und Leibniz gehört Euler zu den Haupterfindern mathematischer Begriffe und Symbole. Auf ihn gehen u.a. zurück die Bezeichnungen der trigonometrischen Funktionen, das allgemeine Funktionszeichen $f(x)$, die Symbole $e$ und $i$, das Differenzzeichen $\Delta$, das Summenzeichen $\sum$.

## 4.5.2   Joseph Louis Lagrange

Lagrange, Joseph Louis, geboren am 25. Januar 1736 in Turin, gestorben am 10. April 1813 in Paris.

Der hochbegabte Lagrange, der ursprünglich Offizier werden wollte, übernahm aus finanziellen Gründen bereits mit 16 Jahren eine Stelle als Mathematiklehrer an der Turiner Artillerieschule und wurde drei Jahre später zum Professor er- nannt. Einem vorübergehenden (ersten) Aufenthalt in Paris und der Rückkehr nach Turin folgte 1766 eine Berufung als Nachfolger Eulers an die Berliner Akademie. Nach dem Tode des preussischen Königs Friedrich II. (1786) wechselte Lagrange 1787 nach Paris an die dortige Akademie über. Obwohl er

gedanklich der Großen Französischen Revolution fern stand, beteiligte sich Lagrange mit Hingabe am Aufbau des republikanischen höheren Bildungswesens, wirkte als Professor an der École Normale und seit 1797 an der berühmten École Polytechnique, dem damaligen Weltzentrum der Mathematik und der Naturwissenschaften. Weiterhin wirkte Lagrange an hervorragender Stelle mit bei der Reform des Maßsystems und der Einführung des metrischen Maßsystems.

Lagrange, der schon in jungen Jahren in Kontakt mit führenden Mathematikern (Euler, d'Alembert) stand und herausragende Arbeiten veröffentlicht hatte, wurde bereits 1757 in Berlin und 1772 in Paris korrespondierendes Mitglied dieser Akademien. Insbesondere in Analysis, Himmelsmechanik, Algebra und Zahlentheorie vermochte Lagrange, trotz lebenslang schlechten Gesundheitszustandes, durchgreifend neue Methoden und Ergebnisse zu erreichen.

Anknüpfend an Eulers Behandlung des allgemeinen Variationsproblems fand Lagrange in den fünfziger Jahren die rein analytische Formulierung des Variationsproblems und eine allgemeine Lösung des isoperimetrischen Problems. Es folgten Extremalprobleme mit Nebenbedingungen und zur Integrationstheorie von Differentialgleichungen, u.a. die Methode der Variation der Konstanten für inhomogene lineare Differentialgleichungen. Unzufrieden mit den umstrittenen sog. unendlich kleinen Größen suchte Lagrange alle Schwierigkeiten dadurch zu

umgehen, daß er in der 1797 erschienenen "Théorie des fonctions analytiques"
die in Potenzreihen entwickelten Funktionen (die "analytischen Funktionen")
in den Vordergrund rückte und die Ableitungen der Funktion als Koeffizienten
ihrer Reihenentwicklung definierte.

Schon während der Berliner Zeit hatte Lagrange die Niederschrift seines bedeutendsten Werkes, der "Mécanique analytique" vollendet; sie gelangte aber
erst 1788 zu Druck. In den Traditionen von Newton stehend, aber auf rein ana-
lytischem Wege, werden die Bewegungen der Körper, mit Einschluß der Himmelskörper, durch Differentialgleichungen beschrieben. Die sog. Lagrangeschen
Bewegungsgleichungen erschienen als Eulersche Gleichungen eines Variationsproblems.

Lagrange behandelte 1770 die Frage, warum die Auflösungsverfahren zur
Lösung algebraischer Gleichungen versagen, wenn der Grad der Gleichung 4
übersteigt; damit wurde er zum Vorläufer der Arbeiten von Gauß, Abel und
Galois. Lagrange gab die nach ihm benannte Interpolationsformel an, fand den
Satz, daß sich jede natürliche Zahl als Summe von höchstens 4 Quadraten darstellen läßt und eröffnete in der Zahlentheorie den Weg zur später von Gauß
geschaffenen Theorie der quadratischen Formen.

### 4.5.3  Gaspard Monge

Monge, Gaspard, geboren am 10.
Mai 1746 in Beaune nahe Dijon, gestorben am 28. Juli 1818 in Paris.
Die schon in früher Jugend zutage tretende Begabung ermöglichte es Monge unter den Bedingungen des *ancien régime* trotz seiner Herkunft als Sohn eines Mes-
serschleifers und Kleinhändlers 1764
in die Militärschule von Mézières
einzutreten; von einer Laufbahn als
Offizier war er jedoch ausgeschlossen. Er machte u.a. auf Grund der
von ihm entwickelten zeichnerischen
Methoden der Bauplanung (Zwei-
tafelverfahren nach Art der späteren darstellenden Geometrie) rasch
Karriere, wurde dort 1768 Professor

der Mathematik, 1771 auch für Physik und siedelte 1780 als Professor der Hy-
draulik nach Paris über. Als begeisterter Anhänger der Großen Französischen
Revolution von 1789 übernahm Monge eine Reihe von Staatsämtern, war u.a.
Mitglied des Wohlfahrtsausschusses und Minister, organisierte die Pulverher-
stellung für die republikanische Armee, war wesentlich an der Gründung der
École Polytechnique beteiligt und einer ihrer ersten Professoren. Er begleitete
Napoleon auf den Feldzügen nach Italien (1796/97) und Ägypten (1798/99).
Nach der Restauration der Bourbonenherrschaft wurde Monge aller Ämter
enthoben und aus der Akademie entfernt. Er starb einsam und völlig verarmt.
Monge knüpfte an die von Handwerkern, Architekten und Künstlern benutzten
empirischen Verfahren zur Darstellung des Dreidimensionalen in der Zeichen-
ebene an und erhob die Darstellende Geometrie in den Rang einer systematischen und eigenständigen mathematischen Disziplin, die er als "Sprache des
Ingenieurs" verstand und die in den nach Pariser Vorbild in ganz Europa eingerichteten Polytechnischen Schulen, den späteren Technischen Hochschulen,
während der Industriellen Revolution eine herausragende Rolle spielte. Da die
Darstellende Geometrie zunächst als militärisches Geheimnis betrachtet wurde, konnte sein Lehrbuch "Géométrie descriptive" erst 1799 erscheinen.
Monge hat ferner wesentliche, in die Zukunft weisende Arbeiten zum Studium der Geometrie mittels infinitesimaler Methoden publiziert und wurde so
zu einem der Begründer der Differentialgeometrie. Angeregt von der geometrischen Denkweise Monges wurde sein Schüler Poncelet zum Begründer der
projektiven Geometrie.

### 4.5.4 Pierre Simon Laplace

Laplace, Pierre Simon, geboren am 28. März 1749 in Beaumont–en–Auge, gestorben am 5. März 1827 in Paris.

Ursprünglich zu einem geistlichen Beruf bestimmt, gelangte Laplace, nachdem seine mathematisch-naturwissenschaftlichen Fähigkeiten auf einem Jesuiten–Kolleg erkannt worden waren, auf Empfehlung seiner Lehrer und der von d'Alembert an die Militärakademie von Paris. Schon 1773 wurde er Akademiemitglied mit Gehalt.

Nach der Revolution wurde Laplace bereits 1794 im Gründungsjahr der École Polytechnique dort Professor, war Vertrauter Napoleons und eine

Zeitlang Innenminister und wurde erstaunlicherweise, unter der erneuerten Herrschaft der Bourbonen, sogar zum Marquis und Pair von Frankreich ernannt.

Laplace ist insbesondere mit Publikationen zur Wahrscheinlichkeitsrechnung, zur Analysis, zur Himmelsmechanik und zu einigen physikalischen Fragen, u.a. zur Kapillartheorie, zur Korpuskeltheorie des Lichtes und zur Wärmetheorie hervorgetreten.

Die 1812 erschienene "Théorie analytique des probabilités" gab erstmals eine zusammenhängende Darstellung vieler verstreuter Ergebnisse zur Wahrscheinlichkeitsrechnung; sie enthält u.a. das bereits von J. Bernoulli formulierte Gesetz der großen Zahl, aber natürlich auch von Laplace gefundene Ergebnisse, etwa die Theorie der erzeugenden Funktionen, den nach ihm benannten Grenzwertsatz und ferner eine Reihe von Anwendungen der Wahrscheinlichkeitsrechnung, sowohl in den Naturwissenschaften als auch für Gerichtsurteile. Die von Laplace benutzte Definition der Wahrscheinlichkeit als Verhältnis der günstigen zur Zahl der möglichen Fälle hat noch bis ins 20. Jahrhundert die Wahrscheinlichkeitsrechnung geprägt. Eine für das breite Publikum im Geiste der Aufklärung geschriebene Abhandlung "Essai philosophique sur les probabilités" von 1814 (als Vorspann zur zweiten Auflage der "Théorie analytique ...") beruht auf der Grundvorstellung des strengen naturwissenschaftlichen Determinismus: Daß wir Geschehnisse als zufällig empfinden, beruht nur darauf, daß das menschliche Denken nicht imstande ist, die komplizierten Vorgänge voll zu erfassen, im Unterschied zu einer "Intelligenz" (dem sog. Laplaceschen Dämon), die sehr wohl imstande wäre, nach den Gesetzen der Gravitation aus einer ungeheuer großen Anzahl von Bewegungen der Korpuskeln jeden Vorgang in Zukunft oder Vergangenheit genauestens zu beschreiben.

Ebenfalls von zahlreichen früheren und eigenen Untersuchungen getragen ist das andere Meisterwerk von Laplace, der fünfbändige "Traité de mécanique céleste" (1799–1825), der eine umfassende mathematische Beschreibung der Bewegungen im Sonnensystem (Planeten, Erdmond, Jupitermonde, Saturnring, Gezeiten) unter dem Einfluß des Newtonschen Gravitationsgesetzes bietet. In diesem Zusammenhang hauptsächlich hat Laplace neuartige und weitreichende Methoden der Analysis (partielle Differentialgleichungen, Kugelfunktionen u.a.m.) entwickelt, die heute zum festen Bestand der mathematischen Physik gehören. Die begleitende, eher populärwissenschaftliche Darstellung "Exposition du systéme du monde" von 1796 enthält die sog. Laplacesche Nebularhypothese zur Entstehung unseres Planetensystems; eine etwas andere, aber ebenfalls lediglich auf mathematisch–naturwissenschaftliche Gesetze gegründete Kosmogonie hatte Kant bereits 1755 veröffentlicht.

# 4.6 Mathematiker/innen des 19. und 20. Jahrhunderts

### 4.6.1 Carl Friedrich Gauß

Gauß, Carl Friedrich, geboren am 30. April 1777 in Braunschweig, gestorben am 23. Februar 1855 in Göttingen.

Gauß stammt aus finanziell beengten kleinbürgerlichen Verhältnissen. Verständnisvolle Lehrer erkannten seine Begabungen früh, ermöglichten ihm den Zugang zum Gymnasium und verschafften ihm eine Förderung durch den Herzog von Braunschweig. So konnte er 1792 bis 1795 am Collegium Carolinum (dem Vorläufer der heutigen TH Braunschweig) und anschließend, 1795–1798, an der Universität Göttingen studieren. Erst dort wählte er statt klassischer Sprachen die Mathema-

tik als Studienrichtung. Vom Herzog weiterhin gefördert konnte sich Gauß ohne äußere Verpflichtungen der Forschung widmen; erst 1807, nach des Herzogs Tod, nahm Gauß eine Berufung als Professor der Astronomie und Direktor der Sternwarte in Göttingen an. Trotz ehrenvoller Angebote hat Gauß Berufungen an andere Universitäten ausgeschlagen und blieb Göttingen bis zu seinem Tode treu.

Tiefe und Breite seiner Arbeiten zu fast allen Gebieten der Mathematik, sowie seine Beiträge zur Astronomie, Geodäsie und Physik weisen Gauß als einen der bedeutendsten Mathematiker und als herausragenden Naturforscher aus.

Schon 1791 fand Gauß eigenständig neue mathematische Zusammenhänge, u.a. zur Primzahlverteilung. Am Beginn seiner Göttinger Studienzeit, am 30. März 1796, entdeckte er, daß auch das regelmäßige 17-Eck mit Zirkel und Lineal konstruierbar ist; mit einer entsprechenden Eintragung eröffnete er sein wissenschaftliches Tagebuch. Darüberhinaus konnte er ein seit der Antike ungeklärtes Problem bewältigen, die Frage nämlich, alle $n$ anzugeben, für die sich das regelmäßige $n$-Eck mit Zirkel und Lineal konstruieren läßt. Bald folgte die Veröffentlichung des sensationellen Ergebnisses.

Auch die Doktorarbeit von 1799 bewältigte ein Problem, das in Jahrhunderten nicht hatte befriedigend gelöst werden können. Zwar hatte man schon im 17. Jahrhundert den Satz ausgesprochen, daß eine algebraische Gleichung $n$-ten Grades genau $n$ Wurzeln besitzt, aber alle Beweise waren lückenhaft geblieben. Gauß gab mit seiner Dissertation den ersten vollständigen Beweis dieses Satzes, des Fundamentalsatzes der Algebra. Am 16. Juli 1799 wurde Gauß in absentia in Helmstedt promoviert. Übrigens ist er später noch mehrfach auf dieses grundlegende Theorem zurückgekommen. Er veröffentlichte 1815, 1816 und 1849 (aus Anlaß seines Goldenen Doktorjubiläums) noch drei weitere Beweise.

Aus angestrengten zahlentheoretischen Studien, unter anderem zur Kreisteilung, zum Reziprozitätsgesetz für quadratische Reste und zur Theorie der Kongruenzen und der quadratischen Formen ging 1801 das von den Zeitgenossen bewunderte und auch heute noch faszinierende Werk "Disquisitiones arithmeticae" (Arithmetische Abhandlungen) hervor. Seitdem darf die Zahlentheorie als selbstständige, systematisch geordnete mathematische Disziplin gelten. Gauß war im Alter von 24 Jahren zu einem der führenden Mathematiker seiner Zeit aufgerückt.

Erst durch das Ansehen von Gauß (eine Arbeit von 1831 über biquadratische Reste war entscheidend) wurden die imaginären bzw. komplexen Zahlen unbestrittener Bestandteil der Mathematik. Seit 1798/99 war Gauß im Besitz des Zugangs zur Theorie der elliptischen Funktionen, die ca. 30 Jahre später in einem grandiosen Wettlauf zwischen Abel und C. G. J. Jacobi ausgearbeitet wurde. Ebenso unbestreitbar steht fest, daß Gauß als erster, vor Lobatschewski und J. Bolyai, im Besitz der nichteuklidischen Geometrie war. Dies belegen Tagebuchaufzeichnungen und vertrauliche briefliche Mitteilungen an seine Freunde, doch hat Gauß nicht zur nichteuklidischen Geometrie publiziert, vermutlich aus Furcht vor unliebsamen philosophischen Diskussionen.

Im Zusammenhang mit astronomischen Studien hat Gauß auch herausragende Beiträge zur Analysis geliefert, u.a. zur Lemniskate, zur Reihenkonvergenz mit einem strengen Konvergenzbegriff (vor Cauchy), zur hypergeometrischen Reihe und damit zusammenhängenden transzendenten Funktionen sowie zur Theorie von Funktionen komplexer Variabler.

Das astronomische Werk von Gauß umfaßt weit mehr als die Hälfte seiner Publikationen. Gestützt auf Methoden des Fehlerausgleiches von Beobachtungsdaten nach der Methode der kleinsten Quadrate entwickelte er durchgreifende, vereinfachte neue Methoden der Bahnberechnungen von Himmelskörpern und Methoden der Störungsrechnung. Sie bewährten sich zuerst bei der Berechnung der Bahn des Planetoiden Ceres, der, am 1.1.1801 entdeckt aber nur kurzzeitig beobachtbar, ein Jahr später nahe der von Gauß berechneten Stelle wiedergefunden wurde. Ein Großteil seiner astronomischen Arbeiten galt den von Planeten auf die Planetoiden Pallas, Juno und Vesta ausgeübten Störungen. Als Krönung seiner astronomischen Arbeiten erschien 1809 die Monographie "Theoria motus corporum caelestium ..." (Theorie der Bewegungen der in Kegelschnitten sich um die Sonne bewegenden Himmelskörper), in der sich außerordentliche Rechenfertigkeit mit höchster Abstraktionskraft verbindet.

Vom Landesherrn mit der Vermessung des Königreiches Hannover beauftragt, leitete Gauß die organisatorische Vorbereitung, war 1821 bis 1825 unermüdlich selbst im Gelände, erfand den Heliotropen als leistungsfähiges Meßinstrument und wertete das ungeheure Zahlenmaterial aus. Diese 1848 abgeschlossene Vermessung war für die damalige Zeit beispielgebend hinsichtlich Genauigkeit und Effektivität. Theoretische Grundlage waren Fehlerrechnung und die von Gauß um 1825 entwickelte Theorie der konformen Abbildung. Als theoretische Frucht seiner praxisbezogenen Tätigkeit erschien 1827 das Standardwerk zur Differentialgeometrie der Flächen, "Disquisitiones generales circa superficies curvas" (Allgemeine Untersuchungen über gekrümmte Flächen). Seine "Untersuchungen über Gegenstände der höheren Geodäsie" (1844 und 1847) wurden zum Ausgangspunkt der modernen Geodäsie.

Ende der 20er, Anfang der 30er Jahre wandte sich Gauß verstärkt der Physik zu, zum Teil in Zusammenarbeit mit W. Weber, der 1831 auf Veranlassung von Gauß nach Göttingen berufen worden war. Es entstanden das sog. absolute physikalische Maßsystem, ein eisenfreies magnetisches Observatorium und 1832/33 eine Telegraphenlinie zwischen dem physikalischen Kabinett und der vor den Toren der Stadt liegenden Sternwarte. Es wurden in regelmäßigen Abständen "Resultate aus den Beobachtungen des magnetischen Vereins" publiziert und Gauß trug mit seiner Abhandlung "Allgemeine Lehrsätze in Beziehung auf die im umgekehrten Verhältnisse des Quadrates der Entfernung wirkenden Anziehungs- und Abstoßungskräfte" wesentlich zur Herausbildung der Potentialtheorie bei. Weitere physikalische Arbeiten von Gauß betreffen u. a. das sog. Prinzip des kleinsten Zwanges, Studien zur Optik und zur Kapillarität sowie über achromatische Linsen. Gegen Lebensende befaßte sich Gauß, vom großräumigen Eisenbahnbau fasziniert, mit der Sicherung des Eisenbahnverkehrs durch elektromagnetische Telegraphie.

Das wissenschaftliche Werk von Gauß hat schon zu Lebzeiten höchste Bewunderung erweckt. Die im Todesjahr 1855 geprägte Gedenkmünze bezeichnet ihn als "mathematicorum princeps".

## 4.6.2   Bernard Bolzano

Bolzano, Bernard, geboren am 5.Oktober 1781 in Prag, gestorben am 18. Dezember 1848 in Prag.

Bolzano studierte von 1794 bis 1804 in Prag Philosophie, Mathematik und Theologie und promovierte 1804. Im Jahre 1805 erhielt er eine Professur für Religionswissenschaften, geriet wegen seiner Vorlesungen und öffentlichen Sonntagspredigten in Gegensatz zu den reaktionären Kräften in der Zeit der Metternichschen sog. Demagogenverfolgungen und wurde 1819 entlassen. Nach einem Prozeß (1820–1825), bei dem Bolzano nur knapp der Inhaftierung entging, lebte Bolzano bis gegen Lebensende bei Freunden auf dem

Lande, abgeschnitten von den Zentren der Wissenschaft, unter Tuberkulose leidend.

Neben philosophischen, religionsphilosophischen und moraltheologischen Schriften und Abhandlungen zur Logik, über die hier nicht berichtet wird, hat Bolzano eingehende Studien zur Mathematik, insbesondere zu deren Grundlagen betrieben. Sie fanden indes nicht die gebührende Anerkennung, obwohl sie in Teilen die von Cauchy publizierten Ergebnisse vorwegnahmen. Im Jahre 1816 erschien Bolzanos Schrift "Der binomische Lehrsatz..."; dort finden sich u.a. eine klare, nicht mehr auf Anschauung gestützte Definition von Stetigkeit einer Funktion sowie das später nach Cauchy benannte Konvergenzkriterium für unendliche Reihen. Eine weitere Abhandlung von 1817 enthielt den Zwischenwertsatz für (stetige) Funktionen sowie den sog. Bolzano–Weierstraßschen Satz. Die umfangreiche Monographie "Paradoxien des Unendlichen" (1851) legte viele Einsichten dar, die wir heute der Mengenlehre zurechnen. Cantor hat sich später sehr lobend über Bolzano ausgesprochen.

Bei der Sichtung des umfangreichen Nachlasses, der auch heute noch nicht voll erschlossen ist, fand man in den 20er und 30er Jahren unseres Jahrhunderts sehr tiefliegende Betrachtungen zum Begriff der Größe sowie ein Beispiel einer in einem ganzen Intervall stetigen, aber dort nirgends differenzierbaren Funktion, das von Bolzano zeitlich weit vor Weierstraß angegeben worden war.

### 4.6.3 Augustin Louis Cauchy

Cauchy, Augustin Louis, geboren am 21. August 1789 in Paris, gestorben am 23. Mai 1857 in Sceaux bei Paris.

Cauchy wurde in seiner Jugend vom Vater, einem hohen Beamten der vorrevolutionären Zeit, unterrichtet, studierte seit 1805 an der hochberühmten Pariser École Polytechnique und von 1807 bis 1809 an der École des Ponts et Chaussées. Nach praktischer Tätigkeit als Bauingenieur, u. a. in Cherbourg, kehrte Cauchy, der schon seit 1811 mit mathematischen Publikationen hervorgetreten war, 1813 nach Paris zurück und wurde 1815 Professor an der École Polytechnique. In der Periode der Restauration der Herrschaft der Bourbonen wurde Cauchy 1816 zum Mitglied der Pariser Akademie ernannt (nicht gewählt), an Stelle des wegen republikanischer Ansichten aus der Akademie entfernten Monge. Als 1830 der letzte Bourbonenkönig gestürzt und der sog. Bürgerkönig Louis–Philippe zur Macht gelangt war, verweigerte Cauchy, Royalist aus Überzeugung, den Treueeid und emigrierte – zunächst in die Schweiz, später nach Turin und Prag. Erst 1838 kehrte Cauchy nach Paris zurück, arbeitete zunächst am sog. Längenbüro und lehrte seit 1848 – nach der Julirevolution, die auf den Treueeid verzichtete – an der Sorbonne und der École Polytechnique.

Cauchy gehört zu den produktivsten Mathematikern; seine gesammelten Werke sind in 27 Bänden erschienen. Seine Arbeiten, die einen wesentlichen Einfluß auf die Entwicklung der Mathematik ausgeübt haben, umfassen reelle und komplexe Analysis, Algebra, Himmelsmechanik, Mechanik, Elastizitätstheorie, u.a.m. Viele Begriffe und Theoreme sind nach Cauchy benannt: Cauchysches Konvergenzkriterium, Cauchy–Riemannsche Differentialgleichungen, Cauchysche Integralformel, Cauchyscher Integralsatz.

Es ist unmöglich, die Fülle der Arbeiten von Cauchy – 589 Abhandlungen und 7 Monographien, darunter schrittmachende Lehrbücher – im Detail zu würdigen. Einige Einzelheiten seien herausgegriffen: Im "Cours d'Analyse" legte Cauchy strenge Grundlagen für die Analysis, definierte Stetigkeit, Differenzier-

barkeit, bestimmtes Integral und komplexe Zahlen. Weitere Arbeiten enthielten weitreichende Sätze aus der Analysis von Funktionen komplexer Variabler,
die zum Ausgangspunkt der Funktionentheorie bei Riemann und Weierstraß
wurden. Das grundlegende methodische Mittel des Existenzsatzes ist wesentlich nach dem Vorbild von Cauchy in die Mathematik eingeführt worden.
Algebraische Arbeiten betreffen Determinantentheorie und eine weitentwickel-
te Theorie der Permutationen, die ihrerseits die Ausbildung der Gruppentheorie begünstigte. Cauchy verwendete die Fehlerrechnung bei astronomischen
und himmelsmechanischen Studien, gab der Elastizitätstheorie und der Wel-
lentheorie des Lichtes moderne Züge der späteren Mathematischen Physik und
vieles andere mehr.

### 4.6.4  August Ferdinand Möbius

Möbius, August Ferdinand, geboren am 17. November 1790 in Schulpforta, gestorben am 26. September 1868 in Leipzig.

Nach dem Besuch der sog. Fürstenschule in Schulpforta, wo der Vater als Tanzlehrer beschäftigt war, nach dem Studium an der Leipziger Universität und nach Studienreisen wurde Möbius auf Empfehlung von Gauß im Frühjahr 1816 zum außerordentlichen Professor und Observator an die Leipziger Universitätssternwarte berufen. Im Jahre 1820 wurde er dort Direktor, aber erst 1844 ordentlicher Professor. Möbius hat durch seine gewissenhafte Arbeit erhebliche Verdienste um die Ausbildung von Gymnasiallehrern im sächsisch–thüringischen Raum.

Möbius gehört in die Gruppe der Geometer analytischer Richtung, die Anfang des 19. Jahrhunderts einen bedeutenden Einfluß erlangten. Durch Möbius wurden u.a. homogene Koordinaten in der Geometrie heimisch. In seinem Hauptwerk "Der baryzentrische Calcul ..." von 1827 entwickelte er eine Theorie der "geometrischen Verwandtschaften" von Figuren (Gleichheit, Ähnlichkeit, Affinität und Kollineation); sie entspricht weitgehend der späteren gruppentheoretischen Klassifikation geometrischer Abbildungen, die 1871 von Klein im sog. "Erlanger Programm" vorgenommen wurde. Später hat Möbius noch "Elementarverwandtschaften" studiert, die wir heute der Topologie zurechnen. Das sog. Möbiussche Band, erstes Beispiel einer einseitigen Fläche, hat Möbius im September 1858 entdeckt und 1865 darüber publiziert.

Während sich astronomische Forschung und Beobachtungstätigkeit, nicht zuletzt wegen der bescheidenen Ausstattung an Teleskopen, in Grenzen hielten, haben seine populärwissenschaftliche Darstellung "Die Elemente der Mechanik des Himmels" (1843) und ein Lehrbuch der Statik (1837) weite Verbreitung gefunden.

### 4.6.5   Nikolai Iwanowitsch Lobatschewski

Lobatschewski, Nikolai Iwano-witsch, geboren am 20. November (1. Dezember) 1792 in Nishni–Nowgorod, gestorben am 12. (23.) Februar 1856 in Kasan.

Als Beamtensohn konnte er auf Staatskosten das Gymnasium be-suchen. Während des Studiums an der Universität Kasan war Lobat-schewski Schüler von Bartels, einem Schüler von Gauß. Lobatschewski erwarb sich, seit 1816 als Professor, 1823 bis 1825 als Dekan der Phy-sikomathematischen Fakultät, 1825 bis 1835 als Direktor der Univer-sitätsbibliothek und 1827 bis 1846 als Rektor bleibende Verdienste um Ausbau und Aufblühen der Kasaner Universität.

Lobatschewski war, unabhängig von Gauß und Bolyai, einer der Begründer der nichteuklidischen Geometrie. Die Frage, ob das Parallelenpostulat der Euklidi-schen Geometrie von den vier anderen Postulaten unabhängig sei, wurde seit der Antike diskutiert; gegen Ende des 18. Jhs. war dieses Problem vielfältiger Untersuchung unterworfen. Lobatschewski legte 1823 ein erstes Manuskript zur "absoluten" Geometrie vor, wo Grundzüge einer vom Parallelenaxiom un-abhängigen Geometrie dargestellt wurden; doch fiel das Gutachten negativ aus. Lobatschewski trug dessen ungeachtet 1826 über seine nun als "imaginär" bezeichnete Geometrie vor und publizierte darüber, u.a. in Kasan (1829/30), eine Monographie (1835), in Crelles Journal – französisch (1837) und deutsch (1840) – und eine weitere Monographie (1855) unter der Bezeichnung Pangeo-metrie. Doch konnte Lobatschewski keine Anerkennung erringen. Nur Gauß vermochte den wissenschaftlichen Wert zu erkennen; auf seinen Vorschlag geht die Wahl von Lobatschewski zum korrespondierenden Mitglied der Göttinger Akademie zurück.

Weitere mathematische Arbeiten von Lobatschewski betreffen ein Lehrbuch (1834) zur höheren Algebra, Lösungsverfahren für homogene lineare diophan-tische Gleichungen, einen modernen Funktionsbegriff und die klare begriffliche Unterscheidung zwischen Stetigkeit und Differenzierbarkeit, die damals noch nicht Gemeingut der Mathematik war.

### 4.6.6 Niels Henrik Abel

Abel, Niels Henrik, geboren am 5. August 1802 in Finnö (Norwegen), gestorben am 6. April 1829 in Froland (Norwegen).

Abel stammt aus einer Beamten– und Pfarrersfamilie. Nach einem Schulbesuch in Christiania (Oslo), wo sein mathematisches Talent früh entdeckt worden war, erhielt er 1820, völlig mittellos, eine Freistelle an der neugegründeten Universität in Christiania. Ein Reisestipendium führte ihn 1825/26 u.a. nach Berlin (Zusammentreffen mit Crelle und Steiner) und Paris (Begegnung mit Cauchy). Nach der Rückkehr nach Norwegen konnte Abel keine feste Anstellung finden; inzwischen

bemühte sich Crelle um eine Berufung Abels, der inzwischen an Tuberkulose erkrankt war. Als Crelle erfolgreich war, war es für Abel zu spät. Eine für Berlin ausgesprochene Berufung hat Abel nicht mehr erreicht.

Obwohl Abel nur wenige Jahre produktiver Arbeit vergönnt waren, hat Abel auf drei Gebieten der Mathematik den wissenschaftlichen Fortschritt entscheidend mitbestimmt: in der Auflösungstheorie algebraischer Gleichungen, in der Theorie der elliptischen Funktionen und der unendlichen Reihen.

Hatte Abel anfangs (irrtümlich) geglaubt, die lange gesuchte Lösung der Gleichung fünften Grades gefunden zu haben, so konnte er unter dem Einfluß der Arbeiten von Lagrange und Gauß beweisen, daß die allgemeine Gleichung des fünften Grades nicht in Radikalen lösbar ist. (Das von Ruffini in Italien gleichfalls gefundene Theorem war Abel damals unbekannt). Es folgten der Beweis, daß alle den vierten Grad übersteigenden allgemeinen algebraischen Gleichungen nicht in Radikalen lösbar sind und die Angabe aller algebraischen Gleichungen, die eine Lösung in Radikalen besitzen.

Der Aufbau einer Theorie der elliptischen Funktionen knüpfte an Euler und Legendre an. In einem in der Mathematikgeschichte einmaligen Wettlauf zwischen Abel und Jacobi erkannte Abel u.a. die Grundidee der Umkehrung der elliptischen Integrale, die doppelte Periodizität der elliptischen Funktionen und deren Additionstheorem.

In einer Umgestaltungsperiode der Analysis, als es um die begriffliche Verschärfung ihrer Grundlagen ging, hat Abel einen außerordentlich wichtigen Satz (Abelscher Stetigkeitssatz) über die Reihenkonvergenz zur Theorie der unendlichen Reihen beigetragen.

### 4.6.7   Carl Gustav Jacob Jacobi

Jacobi, Carl Gustav Jacob, geb. am 10. Dezember 1804 in Potsdam, gest. am 18. Februar 1851 in Berlin. Jacobi, Sohn eines Bankiers, besuchte das Potsdamer Gymnasium und widmete sich danach weitgefächerten philosophischen, philologischen und mathematischen Studien auch an der Berliner Universität. Nach Promotion und Habilitation (1825) in Mathematik ging Jacobi 1826 nach Königsberg und lehrte an der dortigen Universität Mathematik, seit 1829 als Ordinarius, wo er zusammen mit F. Neumann zum Begründer einer beispielgebenden mathematisch–physikalischen Schule wurde. Aus gesund-

heitlichen Gründen weilte Jacobi 1843/44 in Italien und konnte dann eine Berufung mit Lehrerlaubnis an die Berliner Akademie erreichen, da dort günstigere klimatische Bedingungen herrschten. Er war bereits seit 1829 korrespondierendes, seit 1836 auswärtiges und wurde 1844 ordentliches Mitglied der Berliner Akademie; auch andere Akademien ehrten Jacobi durch Mitgliedschaft. Die öffentlich vorgetragene Sympathie mit der 48er Revolution brachte ihm erhebliche finanzielle Zurücksetzungen durch die preußische Regierung ein, die erst durch die Fürsprache A. von Humboldts zurückgenommen wurden.

Jacobi hat schrittmachende Beiträge zur Analysis, Algebra, Zahlentheorie und Geometrie, zu Astronomie, Mechanik und Mathematikgeschichte verfaßt. Im Wettstreit mit Abel entstanden weitreichende Ergebnisse zur Theorie der elliptischen Funktionen (Entdeckung 4fach periodischer Funktionen, Formulierung des allgemeinen Umkehrproblems, 1829 Monographie "Fundamenta nova theoriae functionum ellipticarum") sowie deren Anwendung auf die Zahlentheorie. 1827 fand er das Reziprozitätsgesetz für kubische Reste. Anknüpfend an Lagrange und Hamilton konnte Jacobi die Theorie der partiellen Differentialgleichungen mit Variationsrechung und den Grundgesetzen der Physik zur theoretischen Einheit (kanonisches System der Hamilton–Jacobischen Differentialgleichungen) verbinden. Seine Vorlesungen zur Dynamik erschienen 1842/43 als Monographie. Jacobi untersuchte die Störungen der Bahnellipsen von Planeten und die Gleichgewichtsfiguren rotierender Flüssigkeiten. In der Algebra trat Jacobi u. a. mit einer Systematischen Determinantentheorie und Arbeiten zur Eliminationstheorie hervor.

### 4.6.8 Johann Peter Gustav Dirichlet

Dirichlet (eigentlich: Lejeune Dirichlet), Johann Peter Gustav, geboren am 13. Februar 1805 in Düren bei Aachen, gestorben am 5. Mai 1859 in Göttingen.

Dirichlet stammt aus einer Familie französischen Ursprungs. Der Vater war Posthalter und Kaufmann. Dirichlet erhielt als Gymnasiast Mathematikunterricht von G. S. Ohm, dem Physiker, studierte 1822–1826 in Paris, promovierte nach ersten mathematischen Publikationen 1827 in Bonn, wurde 1828 außerordentlicher Professor in Breslau, 1831 nach Berlin berufen und 1832 Mitglied der Berliner Akademie. Seine Heirat, 1832, mit Rebecca Mendelssohn–Bartholdy, ließ ihn Mitglied der hochgebildeten jüdischen Familie Mendelssohn–Bartholdy werden; der Großvater seiner Frau war der Philosoph Moses Mendelssohn, der Komponist Felix Mendelssohn–Bartholdy sein Schwager. Nach Teilnahme am Goldenen Doktorjubiläum von Gauß, 1849, folgte er 1855 einer Berufung nach Göttingen als Nachfolger von Gauß.

Schon in Paris, wo er bei J. Fourier und D. Poisson studierte, ist Dirichlet als einer der ersten zum vollen Verständnis der schwierigen Gaußschen "Disquisitiones arithmeticae" vorgestoßen. Von dorther rührt sein lebenslanges Interesse an Zahlentheorie. Er konnte, fast lückenlos, 1825 beweisen, daß die große Fermatsche Vermutung für $n = 5$ richtig ist, daß also die Gleichung $x^5 + y^5 = z^5$ keine ganzzahlige positive Lösung besitzt. 1837 bewies Dirichlet, daß eine unendliche arithmetische Folge, wo Anfangsglied und Differenz zueinander teilerfremd sind, unendlich viel Primzahlen enthält, ein Beweis, der mit analytischen Hilfsmitteln (den nach ihm benannten unendlichen Reihen) geführt wurde und ihn zum Begründer der analytischen Zahlentheorie machte. So gehen wesentliche Ergebnisse über Einheiten in algebraischen Zahlkörpern auf ihn zurück. In den Traditionen der Analysis von Fourier stehend konnte Dirichlet 1829 beweisen, daß sich jede stückweise stetige und monotone Funktion in eine konvergente Fourierreihe entwickeln läßt. Bei Dirichlet findet sich auch die moderne Definition einer Funktion. Seit Beginn der 40er Jahre wandte sich Dirichlet verstärkt der mathematischen Physik zu, beschäftigte sich mit Randwertproblemen und Hydrodynamik. Seine Beweise beruhten auf dem anschaulich begründeten Dirichletschen Prinzip (Existenz des Minimums eines speziellen Integrals), das indes erst 1899 von Hilbert bewiesen werden konnte.

### 4.6.9   Evariste Galois

Galois, Evariste, geb. am 25. November 1811 in Bourg–la–Reine (bei Paris), gest. am 31. Mai 1832 in Paris.

Der Vater von Galois war ein republikanisch gesinnter Schulleiter und Bürgermeister; er beging Selbstmord. Galois besuchte 1823 bis 1829 das Collège Louis–le–Grand. Dort wurde seine mathematische Begabung entdeckt; schon dort las er mathematische Klassiker, u.a. Euklid und Gauß. Doch scheiterte Galois in den Aufnahmeprüfungen an der berühmten École Polytechnique, einmal wegen noch unausgewogener Vorbildung, das andere Mal am Unverständnis des Prüfenden und seinem ungezügelten Temperament.

Wegen seines Eintretens für republikanische Ideale wurde er 1831 von der École Normale ausgeschlossen. Er wurde Mitglied der republikanischen Nationalgarde und wirkte als politischer Agitator, wurde einige Zeit ins Gefängnis geworfen und starb im Gefolge eines vermutlich inszenierten Duells.

Als Schüler bereits veröffentlichte Galois eine mathematische Arbeit über Kettenbrüche. Einige seiner wenigen, aber grundlegenden Arbeiten hat Galois im Gefängnis verfaßt. Die tiefsten Einsichten skizzierte er in der Nacht vor dem Duell. In der Hauptsache handelt es sich um die später nach ihm benannte Auflösungstheorie algebraischer Gleichungen: Man kann jeder Gleichung eine eindeutig bestimmte (Permutations–)Gruppe zuordnen. Deren Struktur, insbesondere das Auftreten von Normalteilern (normalen Untergruppen) gibt dann Aufschluß, ob die Gleichung in Radikalen lösbar ist. Galois erkannte die entscheidende Rolle der Normalteiler: Gibt es eine Normalreihe mit abelschen Faktoren, so ist die Gleichung lösbar. Daraus folgt insbesondere, daß die allgemeine Gleichung vom Grade $n$ nicht mehr in Radikalen lösbar ist, wenn $n > 4$ ist. Ferner hat sich Galois mit endlichen Körpern, den sog. Galoisfeldern befaßt und, wie aus den Andeutungen in dem Abschiedsbrief hervorgeht, auch wesentliche Einsichten in die Theorie der elliptischen Funktionen besessen.

Galois zählt mit seinen Arbeiten zu den Begründern der Strukturmathematik, die in der neueren Zeit hervortrat und sich das Studium algebraischer Strukturen wie Gruppe, Ring, Körper, Halbgruppe, Ideal usw. zur Aufgabe machte. Diese Denkweise war zu Lebzeiten von Galois ganz ungewöhnlich, mit der Folge, daß seine Arbeiten damals kaum verstanden oder gar gewürdigt wurden. Erst in den 60er Jahren des 19. Jahrhunderts wurde die Tragweite seiner Arbeiten und Methoden erkannt.

## 4.6.10  Karl Theodor Wilhelm Weierstraß

Weierstraß, Karl Theodor Wilhelm, geboren am 31. Oktober 1815 in Ostenfelde (Westfalen), gestorben am 19. Februar 1897 in Berlin.

Da der Vater als Beamter des öfteren versetzt wurde, hat Weierstraß verschiedene Schulen besucht. Ein 1834 begonnenes Studium der Kameralistik brach Weierstraß ab, getragen von dem Wunsche, sich ganz der Mathematik zuwenden zu dürfen. Bei beengten finanziellen Verhältnissen des Elternhauses konnte Weierstraß nur ein Lehrerexamen an der Universität Münster ablegen (1841), hatte aber dort das Glück, bei dem Mathematiker Gudermann Vorlesungen hören zu können,
der damals, neben Jacobi, als einziger über die in rascher Entwicklung befindliche aber schwierige Theorie der elliptischen Funktionen las. Weierstraß trat in den Schuldienst ein und wirkte in Deutsch–Krone und Braunsberg (heute in Polen gelegen). Ohne Kontakt zur wissenschaftlichen Welt und ohne Zugang zu einer Fachbibliothek ging Weierstraß bei äußerst anstrengender Lehrtätigkeit mathematischer Forschung nach. Seine 1854 veröffentlichte Arbeit über Abelsche Funktionen bewältigte ein von anderen vergeblich untersuchtes Problem; Weierstraß wurde noch 1854 Ehrendoktor der Universität Königsberg, erhielt Arbeitsurlaub zur Fortsetzung seiner Studien und wurde 1856 nach Berlin berufen, zunächst an das dortige Gewerbeinstitut (1856–1864), dann (1864) an die Berliner Universität. Als Mitglied der Berliner Akademie (seit 1856) hatte er das Recht, Vorlesungen an der Universität zu halten. Tatsächlich wurde Weierstraß durch das zusammen mit Kummer 1861 ins Leben gerufene Forschungsseminar für Mathematik zum Wegbereiter moderner mathematischer Forschung und Lehre, zumal Weierstraß in seinen Vorlesungen die reichhaltigen neuesten Ergebnisse seiner Forschungen vortrug und sich folgerichtig Studenten der Mathematik aus aller Welt bei ihm einfanden. Weierstraß hatte viele bedeutende Schüler, unter ihnen Sonja Kowalewskaja, G. Mittag–Leffler, G. Cantor, H. A. Schwarz.

Weierstraß litt nach einem durch Überarbeitung ausgelösten physischen Zusammenbruch unter beträchtlichen gesundheitlichen Problemen und war gegen Ende seines Lebens an den Rollstuhl gefesselt. In Sorge um sein eigenes wissenschaftliches Werk begann Weierstraß noch mit der Herausgabe seiner gesammelten "Mathematischen Werke".

Neben bemerkenswerten Beiträgen zur Algebra (Elementarteiler, hyperkomplexe Zahlensysteme) hat Weierstraß programmatische Beiträge zur Theorie der elliptischen und Abelschen Funktionen, zur Theorie der analytischen Funktionen komplexer Variabler sowie zur Variationsrechnung (Weierstraßscher Fundamentalsatz, Existenz von Extremalen) geleistet.

Mit speziellen Funktionen, die nach Weierstraß benannt sind, konnte er die komplizierten Zusammenhänge in der Theorie der elliptischen Funktionen vereinheitlichen. Die 1853/54 gefundene und publizierte Lösung des allgemeinen Jacobischen Umkehrproblems diente dem Aufbau einer Theorie der Abelschen Funktionen mittels analytischer Methoden; die von Riemann gegebene Lösung benutzte dagegen auch geometrische Vorstellungen. Die Weierstraßsche Theorie der analytischen Funktionen beruht auf dem Begriff des Funktionselementes (konvergente Potenzreihe einer komplexen Variablen). Durch analytische Fortsetzung entsteht aus einem vorgegebenen Funktionselement die analytische Funktion.

Dazu kamen die Bemühungn von Weierstraß um die Verschärfung der Grundlagen der Analysis, u.a. die Theorie der reellen Zahlen, die begriffliche Trennung von Stetigkeit und Differenzierbarkeit durch Angabe einer in einem Intervall stetigen, aber nirgends differenzierbaren Funktion (Bolzanos Konstruktion war damals unbekannt), die Einführung der Begriffe Häufungspunkt, obere und untere Grenze, die Erkenntnis von der weitreichenden Bedeutung der gleichmäßigen Konvergenz unendlicher Reihen, Satz von Bolzano–Weierstraß u.a.m. Die Weierstraßsche Strenge bei Begriffsbildungen und Beweisen wurde nahezu sprichwörtlich.

Weierstraß erfuhr hohe Ehrungen und war Mitglied zahlreicher Akademien.

## 4.6.11 Pafnuti Lowitsch Tschebyschew

Tschebyschew, Pafnuti Lowitsch, geboren am 4. (16.) Mai 1821 in Okatowa (Gouvernement Kaluga), gestorben am 26. November (8. Dezember) 1894 in St. Petersburg.

Aus adeliger Familie stammend und anfangs im Familienkreise und dann in Moskau unterrichtet bezog Tschebyschew schon 1837 die Moskauer Universität, wurde dort 1846 Magister, erwarb 1847 an der Universität in St. Petersburg die venia legendi und wurde nach der Habilitation 1850 dort Professor. Dazu wurde er 1856 außerordentliches und 1859 ordentliches Mitglied der Petersburger Akademie. In den Traditionen von Bunjakowski und Ostrogradski stehend wurde Tschebyschew zum Begründer der sog. Petersburger mathematischen Schule. Zugleich stand Tschebyschew in engem persönlichen Kontakt zu führenden französischen und deutschen Mathematikern und unternahm zahlreiche Reisen nach Westeuropa, um den dortigen Stand von Wissenschaften und Technik kennenzulernen und in Rußland bekanntzumachen.

Tschebyschew war ein überaus vielseitiger Mathematiker mit weitgespannten wissenschaftlichen und kulturellen Interessen, in gewisser Weise an Euler erinnernd. Tschebyschews mathematische Hauptleistungen gehören der Zahlentheorie, der Wahrscheinlichkeitsrechung, der Theorie der Approximation und der Integrationstheorie.

Unter seinen Beiträgen zur analytischen Zahlentheorie nehmen die Sätze zur Primzahlverteilung eine zentrale Stellung ein; dabei benutzte er die Eigenschaften der Zetafunktion und Konvergenzuntersuchungen. Tschebyschews scharfsinnige Studien wirkten ebenso anregend auf die europäischen Mathematiker wie auch seine Ergebnisse zur Wahrscheinlichkeitsrechnung, die u.a. auf eine theoretische Begründung statistischer Forschungsmethoden und der Theorie der Beobachtungsfehler abzielten. Auch hier fand er zahlreiche Schüler, u.a. Markow, Ljapunow und Kolmogorow. In der Approximationstheorie ging es u.a. um die für praktische Belange wichtige Fragestellung, wie komplizierte Funktionen durch einfache Funktionen – etwa algebraische oder trigonometrische Funktionen – angenähert werden können. Tschebyschew war überdies stark engagiert bei der geographisch-kartographischen Erschließung des riesigen russischen Reiches und entwickelte eigenständig das Modell einer Rechenmaschine.

## 4.6.12   Leopold Kronecker

Kronecker, Leopold, geboren am 7.
Dezember 1823 in Liegnitz (Schle-
sien), gestorben am 29. Dezember
1891 in Berlin.
Kronecker war der Sohn eines Kauf-
manns. Im Gymnasium von Liegnitz wurde er von Kummer unterrichtet und für die Mathematik ge-
wonnen. Kronecker studierte in Berlin, Bonn und Breslau und promovierte 1845 bei Dirichlet. Nach einer Tätigkeit als Verwalter eines der
Familie gehörenden Gutes und im
Besitz eines erheblichen Vermögens
widmete sich Kronecker als Priva-
tier in Berlin den mathematischen
Wissenschaften, ehe er, als Nachfolger von Kummer, 1883 zum Profes-

sor an die Universität Berlin berufen wurde. Schon seit 1861 war Kronecker
Mitglied der Berliner Akademie, mit dem Recht, Vorlesungen zu halten. Im
Zusammenwirken von Kronecker, Kummer und Weierstraß wurde Berlin zu
einem mathematischen Zentrum von Weltbedeutung. Im privaten Leben stan-
den Kronecker und seine Frau in einem der Mittelpunkte des geselligen Lebens
des gebildeten Bürgertums in Berlin.
Anknüpfend an Abel und Galois suchte Kronecker alle in Radikalen auflösba-
ren Gleichungen zu bestimmen, wenn ein Grundkörper vorgegeben ist. Der von
Kronecker 1853 gefundene tiefliegende Satz, daß alle abelschen Erweiterungen
über dem Grundkörper der rationalen Zahlen Kreisteilungskörper sind, ist ein
Satz, der erst 1886 von H. Weber bewiesen werden konnte. In der Folge stieß
Kronecker zu weitreichenden Zusammenhängen zwischen der Theorie der ima-
ginärquadratischen Zahlkörper und der Theorie der elliptischen Funktionen
vor und schuf Grundlagen der späteren Klassenkörpertheorie. Weitere Studi-
en und Ergebnisse betreffen die Eliminationstheorie, lineare Algebra und die
Theorie der elliptischen Funkionen. Bereits 1870 gab Kronecker eine Definition
des abstrakten Gruppenbegriffes. Kronecker vertrat in Grundlagenfragen der
Mathematik eine Haltung, die den späteren Intuitionismus vorausnahm: Nur
Begriffe und Beweise sind zugelassen, die sich in endlich vielen Schritten fassen
bzw. verifizieren lassen. Reine Existenzbeweise im Sinne der Weierstraßschen
Analysis lehnte Kronecker daher ebenso wie die Cantorsche Mengenlehre ab.

### 4.6.13  Bernhard Georg Friedrich Riemann

Riemann, Bernhard Georg Friedrich, geboren am 17. September 1826 in Breselenz, nahe Dannenberg, gestorben am 20. Juli 1866 in Selasca (Italien).

Der Sohn eines Pfarrers erhielt den ersten Unterricht beim Vater, besuchte höhere Schulen in Hannover und Lüneburg, nahm 1846 in Göttingen das Studium auf, anfangs das der Theologie und Philosphie, ehe er zur Mathematik überwechselte. 1847/49 studierte Riemann in Berlin u.a. bei Jacobi und Dirichlet und kehrte 1849 nach Göttingen zurück. 1851 erfolgte die Promotion, 1854 die Habilitation. Nach dem Tode von Gauß (1855), der Dirichlet

als dessen Nachfolger nach Göttingen brachte, wurde Riemann a.o. Professor und nach Dirichlets Tode (1859 ) dessen Nachfolger. Riemann war Mitglied der Göttinger und der Berliner Akademie. Obgleich Riemann kein großer Rhetoriker war, haben seine Vorlesungen und die von Studenten angefertigten Nachschriften einen großen Einfluß auf die weitere Entwicklung der Mathematik ausgeübt. Bei lebenslang schwacher Gesundheit konnte Riemann nach 1862 nur noch unregelmäßig Vorlesungen halten und hat, freilich vergeblich, Heilung in Italien gesucht.

Bereits die Dissertationsschrift "Grundlagen für eine allgemeine Theorie der Funktionen einer veränderlichen komplexen Größe" wurde klassisch. Im Anschluß an Cauchy und Puiseux definierte Riemann eine Funktion als analytisch, wenn sie (wie wir heute sagen) den Cauchy–Riemannschen Differentialgleichungen genügt. Damit war die Beziehung zwischen der Theorie der Funktionen komplexer Variabler, der Theorie der partiellen Differentialgleichungen und der Potentialtheorie hergestellt und der Weg zu vielen weiteren Anwendungen in der mathematischen Physik geebnet. Überhaupt stand Riemann, allein schon durch seine freundschaftlichen Beziehungen zu dem Göttinger Physiker Wilhelm Weber, der Physik sehr nahe; davon zeugen zahlreiche Abhandlungen zur Elektrizitätstheorie, Wärmelehre und Schwingungslehre. Riemanns Habilitationsschrift "Über die Darstellbarkeit einer Funktion durch trigonometrische Funktionen" untersucht die Eigenschaften der durch unendliche trigonometrische Reihen dargestellten Funktionen und enthält ferner die Definition des sog. Riemannschen Integrals, ohne Rückgriff auf die Vorstellung der Integration als Umkehrung der Differentiation. Als große, weit in die Zukunft weisende Leistung erwies sich der im Beisein von Gauß gehaltene Habilitationsvortrag von Riemann "Über die Hypothesen, welche der Geometrie zugrunde liegen". Dort wird der Raum als $n$–dimensionale Mannigfaltigkeit verstanden, in dem eine Metrik mittels quadratischer Differentialformen definiert wird. Dies war ein neuartiger Zugang zu den verschiedenen Typen (elliptisch, hyperbolisch) der nichteuklidischen Geometrien, deren physikalische Bedeutung mit Minkowski und mit der Relativitätstheorie bei Einstein hervortrat.

Bereits Riemanns Dissertation enthielt die Vorstellung der später nach ihm benannten Riemannschen Fläche zur Beschreibung der Verzweigungspunkte mehrdeutiger Funktionen. Seine Abhandlung "Theorie der Abelschen Funktionen" (1857) enthielt die auch von Weierstraß gefundene allgemeine Lösung des allgemeinen Jacobischen Umkehrproblems, wenn auch mit anderen Mitteln, unter Verwendung geometrischer Methoden gefunden.

Die von Riemann aus Anlaß seiner Wahl zum korrespondierenden Mitglied der Berliner Akademie eingereichte Abhandlung "Über die Anzahl der Primzahlen unter einer gegebenen Größe" (1859) wandte sich einem schon von Gauß und Dirichlet behandelten zentralen Problem der Zahlentheorie zu. Die dort im Anschluß an Euler definierte Riemannsche Zeta–Funktion spielt in diesem Zusammenhang eine wesentliche Rolle. Eine von Riemann geäußerte Vermutung über die Lage ihrer Nullstellen würde, wenn sie richtig ist, weitreichende Sätze zur Primzahlverteilung ergeben; allerdings konnte sie bis heute nicht bewiesen werden.

Riemann hat in naturphilosophischem Zusammenhang einige erkenntnistheoretisch–philosophische Studien hinterlassen, die u.a. eine klare Unterscheidung zwischen dem physikalischen realen Raum und dem mathematischen Raum beliebig hoher (endlicher) Dimension treffen.

### 4.6.14   Richard Dedekind

Dedekind, Richard, geboren am 6. Oktober 1831 in Braunschweig, gestorben am 12. Februar 1916 in Braunschweig.

Dedekinds Vater, ein Jurist, war Professor am Collegium Carolinum (Vorläufer des späteren Polytechnikums bzw. der Technischen Hochschule). Nach dem Gymnasialbesuch studierte Dedekind dort von 1848 bis 1850, ehe er sich dem Studium der Mathematik in Göttingen zuwandte. Dort freundete sich Dedekind mit Riemann an. Dedekind promovierte 1852 bei Gauß, habilitierte 1854 ebenfalls in Göttingen, nutzte die anschließende Zeit als Privatdozent in Göttingen, freund-

schaftlich be raten von Dirichlet, zur Einarbeitung in die aktuellen Forschungsgebiete und wurde 1858 Professor am Polytechnikum in Zürich. Seit 1862 lehrte er am Polytechnikum bzw. an der TH in Braunschweig, bis zu seiner Emeritierung im Jahre 1894. Er war Mitglied vieler gelehrter Gesellschaften, u.a. der Akademien in Göttingen, Berlin und Paris.

Dedekind, der zugleich ein hervorragender akademischer Lehrer war, hat äußerst scharfsinnige Abhandlungen verfaßt. Bereits in den 50er Jahren wandte er sich dem Studium von endlich–algebraischen Erweiterungen des Körpers der rationalen Zahlen zu, prägte den Begriff "Zahlkörper", fand den grundlegenden Satz, daß jedes Ideal als Produkt von endlich vielen Primidealpotenzen geschrieben werden kann. Damit existierte nun, nach Vorarbeiten von Kummer und Kronecker, eine arithmetische Theorie der algebraischen Zahlkörper endlichen Grades. Dedekind hat bereits 1857/58 in Vorlesungen den abstrakten Gruppenbegriff verwendet und die Galoissche Gruppe als Automorphismengruppe des entsprechenden Normalkörpers verstanden, u.a.m. Damit wurde Dedekind zu einem der Wegbereiter der modernen Algebra, wie sie zu Beginn des zwanzigsten Jahrhunderts u.a. von Emmy Noether und van der Waerden auf axiomatischer Grundlage herausgearbeitet wurde.

In der großen Einfluß gewinnenden Schrift "Was sind und was sollen die Zahlen" (1888) gelang Dedekind ein mengentheoretisch begründeter Aufbau der

Theorie der natürlichen Zahlen, also ein wichtiger Beitrag zur Sicherung der Grundlagen der Mathematik. Überhaupt konnte Dedekind, in brieflichem Kontakt mit G. Cantor und durch eigene Ergebnisse, wesentliche Unterstützung für die anfangs heftig umstrittene Mengenlehre leisten, insbesondere in der Auseinandersetzung mit den Ansichten Kroneckers. Eine zweite, bereits 1872 erschienene Schrift "Stetigkeit und irrationale Zahlen" hatte die Theorie der irrationalen Zahlen – in gedanklicher Verwandtschaft zu dem antiken Geometer Eudoxos – auf sichere Grundlagen gestellt: Irrationale Zahlen werden als "Schnitte" im Bereich der rationalen Zahlen definiert. Mittels anderer Denkweisen, Begriffe und Methoden hatten Weierstraß (1860), Méray (1869) und G. Cantor (1872) ebenfalls sichere Grundlagen für die Theorie der irrationalen Zahlen geschaffen. Alle diese Verfahren sind insofern mathematisch äquivalent, als sie eine genetische Erweiterung des Systems der rationalen Zahlen zum System der reellen Zahlen durch Hinzunahme der irrationalen Zahlen gewährleisten. Große Verdienste erwarb sich Dedekind auch als Herausgeber bzw. Mitherausgeber und als Kommentator der Werke von Gauß, Dirichlet und Riemann.

## 4.6.15  Georg Cantor

Cantor, Georg, geboren am 3. März 1845 in St. Petersburg, gestorben am 6. Januar 1918 in Halle/Saale. Der Vater Cantors war ein erfolgreicher Kaufmann, der mit seiner Familie 1856 nach Deutschland übersiedelte. Cantor studierte 1862 bis 1867 Mathematik in Zürich, Göttingen und Berlin. Der Promotion 1867 in Berlin folgte die Habilitation 1869 in Halle. Er wurde 1872 außerordentlicher Professor und 1879 ordentlicher Professor der Mathematik in Halle und blieb dort bis zu seiner Emeritierung im Jahre 1913. Seit 1884 litt Cantor unter schweren Depressionen, die zu längeren freiwilligen Klinikaufenthalten führten. Cantor hat sich sehr verdient gemacht um die Gründung (1890) der Deutschen Mathematikervereinigung – er war ihr erster Vorsitzender – und um das Zustandekommen internationaler Mathematikerkongresse.

Cantor hatte mit einer Arbeit über unbestimmte Gleichungen zweiten Grades promoviert, wandte sich aber dann unter dem Einfluß von Weierstraß der Analysis zu. Im Jahre 1870 bewies Cantor, daß die Fourierentwicklung einer Funktion eindeutig ist, einen Satz, der, wie er 1872 zeigen konnte, auch richtig bleibt, wenn man für die Konvergenz der Reihe endliche oder sogar gewisse unendliche Ausnahmemengen zuläßt. In derselben Arbeit "Über die Ausdehnung eines Satzes aus der Theorie der trigonometrischen Reihen" führte Cantor die sog. Fundamentalfolgen zur Begründung der Theorie der reellen Zahlen ein, definierte die erste Ableitung einer linearen Punktmenge als Menge ihrer Häufungspunkte und wurde zur Idee der transfiniten Ordnungszahl geführt.

Als Jahr der Begründung der Mengenlehre wird meist das Jahr 1874 angegeben, in dem Cantor die Arbeit "Über eine Eigenschaft des Inbegriffs aller reellen algebraischen Zahlen" publizierte und dort die Abzählbarkeit der Menge der algebraischen Zahlen sowohl als auch die Nichtabzählbarkeit des Kontinuums bewies. In den Jahren von 1879 bis 1883 erschienen sechs inhaltlich aufeinanderfolgende Arbeiten unter dem Titel "Über unendliche lineare Punktmannigfaltigkeiten", mit denen wichtige Sätze und Begriffe der allgemeinen Mengenlehre eingeführt wurden. In den Jahren 1895 bis 1897 publizierte er die "Beiträge zur Begründung der transfiniten Mengenlehre". Trotz aller Bemühungen aber konnte Cantor die sog. Kontinuumshypothese nicht beweisen; eine Lösung des Problems erfolgte erst 1938 durch Gödel und 1963 durch Cohen.

Cantors Mengenlehre war anfangs nicht unumstritten. Zwar fand Cantor u.a. in Dedekind einen Mitstreiter, in Kronecker dagegen einen scharfen Gegner. Insbesondere stieß die Vorstellung des Aktual–Unendlichen auf Ablehnung. Die Entdeckung von Antinomien der Mengenlehre – Cantor selbst hatte Widersprüche bemerkt – führte Anfang des 20. Jahrhunderts zu heftigen Diskussionen, aber auch zu produktiven Ergebnissen über die Grundlagen der Mathematik und zur Etablierung von verschiedenartigen philosophisch–mathematischen Schulen. Heute gilt die (axiomatisierte) Mengenlehre als sichere Grundlage der Mathematik.

## 4.6.16   Felix Klein

Klein, Felix, geboren am 24. April 1849
in Düsseldorf, gestorben am 22. Juni
1925 in Göttingen.

Klein studierte und promovierte 1868
in Bonn. Es schlossen sich weiterführende Studien in Göttingen, Berlin und Paris an; 1871 habilitierte er
sich in Göttingen. Es folgten Berufungen nach Erlangen (1872–1875), an
die Technische Hochschule München
(bis 1880), nach Leipzig (bis 1886)
und Göttingen; 1913 wurde Klein eme-
ritiert. Neben seinen weitgespannten
wissenschaftlichen Studien war Klein
auch in hohem Maße wissenschaftsor-
ganisatorisch tätig, als Herausgeber der
"Mathematischen Annalen", als einer

der Initiatoren der großangelegten "Encyklopädie der mathematischen Wissenschaften mit Einschluß ihrer Anwendungen", bei der Reform des mathematischen Gymnasialunterrichtes, beim Versuch der Umgestaltung der Univer-
sitätsausbildung und als Begründer der Göttinger Vereinigung zur Förderung
der angewandten Physik und Mathematik.

Auf mathematischem Gebiet trat Klein zunächst als Geometer hervor, auf
dem Gebiet der Liniengeometrie, als projektiver Geometer und mit der Angabe von Modellen für beide Typen (hyperbolisch, elliptisch) nicht–euklidischer
Geometrien. Mit Hilfe gruppentheoretischer Methoden konnte Klein in seinen "Vergleichenden Betrachtungen über neuere geometrische Forschungen"
(1872, sog. Erlanger Programm) die Beziehungen zwischen den verschiedenen
geometrischen Theorien klarstellen und systematisieren. Kleins Beiträge zur
Theorie der automorphen Funktionen berührten sich mit denen von Poincaré;
im Wettlauf mit dessen gleichgerichteten Studien erlitt Klein infolge Überan-
strengung im Herbst 1882 einen zeitweisen psychischen Zusammenbruch und
zog sich aus diesem Forschungsgebiet zurück. Weitere bedeutende Ergebnisse
von Klein betrafen u.a. die Auflösung der allgemeinen Gleichung 5. Grades
mittels elliptischer Funktionen, die Theorie der Fuchsschen und Laméschen
Funktionen, Kreiseltheorie und Relativitätstheorie.

Die von Klein während der Kriegsjahre gehaltenen "Vorlesungen über die Entwicklung der Mathematik im 19. Jahrhundert" (1926 von Courant und Neuge-
bauer im Druck herausgegeben) vermitteln ein lebendiges, teilweise aus eige-
nem Erleben geschriebenes Bild der Forschungs- und Entwicklungsrichtungen
der Mathematik und ihrer Anwendungen im 19. Jahrhundert und sind auch
heute noch sehr lesenswert.

### 4.6.17 Sonja Kowalewskaja

Kowalewskaja, Sonja (Sophia Wassil-jewna), geborene Korwin–Krukowska-ja, geboren am 15. Januar 1850 in Moskau, gestorben am 10. Februar 1891 in Stockholm.

Sonja Kowalewskaja erhielt im Hause ihres Vaters, des russischen Artilleriegenerals Wassiljewitsch Korwin–Krukowsky, eine vorzügliche Ausbildung und entdeckte durch Zufall selbst ihre mathematische Begabung. Da für Mädchen in Rußland ein Studium völlig ausgeschlossen war, entschloß sie sich 1868 zu einer Ehe mit Wladimir Onufrijewitsch Kowalewsky, der später ein bedeutender Paläontologe wurde. Doch sollte die Ehe ziemlich unharmonisch verlaufen. Zunächst begab sich das junge Paar nach Heidelberg zum Studium. Sonja hörte Vorlesungen bei Kirchhoff, E. du Bois–Reymond und Helmholtz und wandte sich 1870 nach Berlin. Zwar war auch dort das Frauenstudium unmöglich, aber in engem persönlichen Kontakt zu Weierstraß wurde Sonja Kowalewskaja in die mathematische Forschung eingeführt. Sie promovierte 1874 in Göttingen, allerdings in absentia, da sie nach Rußland zurückgekehrt war. Dort konnte sie jedoch, trotz des Wohlwollens von Tschebyschew, keine Anstellung finden und erhielt schließlich, durch Vermittlung des schwedischen Weierstraß–Schülers Mittag–Leffler, eine Stelle an der Universität in Stockholm, anfangs als Dozentin. Im Jahre 1889 wurde sie, als erste Frau überhaupt, auf eine Professorenstelle für Mathematik berufen.

Sonja K. war vielseitig interessiert. Sie verfaßte u.a. lesenswerte Kindheitserinnerungen und engagierte sich für die Gleichberechtigung der Frau und in sozialen Fragen.

In den wenigen Jahren aktiver Forschungszeit – sie starb unerwartet an einer Erkältung mit nachfolgender Lungenentzündung – hat Sonja K. nur einige, aber stark beachtete Arbeiten verfaßt. Im ersten Teil ihrer Dissertation führte sie den Nachweis, daß eine lineare partielle Differentialgleichung mit algebraischen Koeffizienten stets eine Lösung besitzt. Eine zweite Arbeit behandelte die Gestalt des Saturnringes, eine dritte ging einer schwierigen Frage aus der Theorie der Abelschen Integrale nach. Für ihre Arbeit "Über die Rotation eines schweren Körpers um einen festen Punkt" erhielt sie 1888 den Prix Bordin der Pariser Akademie der Wissenschaften. Im darauffolgenden Jahr 1889 wurde sie von der schwedischen Akademie der Wissenschaften ausgezeichnet und wurde korrespondierendes Mitglied der russischen Akademie der Wissenschaften.

### 4.6.18 Henri Poincaré

Poincaré, Henri, geboren am 25. April 1854 in Nancy, gestorben am 17. Juli 1912 in Paris.

Nach einer Ausbildung von 1873 bis 1877 zum Bergbauingenieur wechselte Poincaré zur Mathematik, promovierte 1879 bei Darboux, wurde noch im selben Jahr Professor der Analysis in Caen und 1881 Professor an der Sorbonne in Paris, nacheinander als Professor für Mechanik, mathematische Physik bzw. Himmelsmechanik. Daneben und in späteren Jahren arbeitete er an der Pariser École Polytechnique, im sog. Längenbüro (Bureau des longitudes) und war eine zeitlang Generalinspektor des Bergbaues. Im Jahre 1906 war er Präsident der französischen Akademie der Wissenschaften.

Poincaré war ein überaus vielseitiger und origineller Gelehrter und Denker. Er besaß einen umfassenden Überbick über das Gesamtgebiet der Mathematik und bereicherte viele ihrer Teildisziplinen wie Funktionentheorie, Topologie, Differentialgleichungen, Potentialtheorie und Wahrscheinlichkeitstheorie mit schrittmachenden Beiträgen ebenso wie einige der in stürmischer Entwicklung befindlichen Gebiete der mathematischen Physik, insbesondere Himmelsmechanik, Thermodynamik, Hydromechanik, Optik und Elektromagnetismus. Darüberhinaus trat Poincaré mit naturphilosophischen und wissenschaftstheoretischen Publikationen hervor (u.a. "La science et l'hypothese", 1902; "La valeur de la science", 1904; "Science et méthode", 1908), die weite Verbreitung fanden und übersetzt wurden. Auf einige der herausragenden mathematischen Einzelleistungen von Poincaré sei noch verwiesen.

Aus der Behandlung gewöhnlicher Differentialgleichungen mit algebraischen Koeffizienten erwuchs das Studium der automorphen Funktionen und die fundamentale Abhandlung "Sur les functions uniformes" von 1881, mit der zwischen ihm und Klein, der ebenfalls erfolgreich auf diesem Gebiet arbeitete, eine Art von Wettlauf eingeleitet wurde. Poincaré gelang es, das Bildungsgesetz für automorphe Funktionen zu finden. Im Jahre 1881 vermochte es Poincaré, ein räumliches Modell einer nichteuklidischen Geometrie vom hyperbolischen Typ anzugeben, nachdem Klein schon 1870 ein ebenes Modell hatte finden können.

Seit Mitte der 80er Jahre trat Poincaré mit bedeutenden Arbeiten zur kombinatorischen Topologie hervor; eine von Poincaré 1904 geäußerte weitreichende Vermutung konnte 1986 endgültig bewiesen werden. Die von Poincaré in der Himmelsmechanik verwendeten analytischen Mittel erweiterten und verallgemeinerten die von Euler, Lagrange und Laplace entwickelten Methoden; für seine Untersuchungen zum 3–Körper–Problem wurde er 1889 mit einem Preis des schwedischen Königs ausgezeichet.

### 4.6.19   David Hilbert

Hilbert, David , geboren am 23. Januar 1862 in Königsberg, gestorben am 14. Februar 1943 in Göttingen. Nach dem Studium (1880–1885) der Mathematik und der Promotion (1885) an der Universität Königsberg und anschließender Habilitation (1886) wurde Hilbert 1893 Ordinarius. Er folgte 1895 einer von Klein angeregten Berufung nach Göttingen und war wesentlich am Ausbau Göttingens zu einem Anfang des 20. Jahrhunderts führenden Zentrum von Mathematik und Naturwissenschaften beteiligt. Mit einigem Recht darf Hilbert als der bedeutendste Mathematiker des ausgehenden 19. und beginnenden 20. Jahrhunderts gelten.

Sein wissenschaftliches Lebenswerk kann man ziemlich deutlich getrennten Lebensabschnitten zuordnen. Einer ersten, der Invariantentheorie gewidmeten Periode folgte zwischen 1893 und 1898 die vorzugsweise Hinwendung zur Theorie der algebraischen Zahlkörper. Bis etwa 1902 schloß sich eine Untersuchung der Grundlagen der Geometrie an. Zwischen 1902 und 1912 widmete sich Hilbert hauptsächlich den Integralgleichungen, um sich bis 1922 der mathematischen Physik zu verschreiben. Eine letzte spezielle Forschungsperiode war bis etwa 1930 den allgemeinen Grundlagen der Mathematik und Logik gewidmet.

Invariantentheorie war ausgangs des 19. Jahrhunderts ein bevorzugter Gegenstand mathematischer Aktivitäten; in Deutschland galt Gordan als "König der Invarianten". Hilbert nun gelang der (nichtkonstruktive) Beweis des Satzes, daß jedes System algebraischer Formen ein endliches Basissystem besitzt. Die Forschungsarbeit zur Theorie der algebraischen Zahlkörper – in Zusammenarbeit mit Minkowski, der auf Initiative Hilberts ebenfalls nach Göttingen berufen worden war – mündete in dem "Bericht über die Theorie der algebraischen Zahlkörper"(1897), der zusammenfassend den Stand dieses Gebietes darstellte und auf neuer, verallgemeinerter Grundlage unter anderem zur Klassenkörpertheorie führte. Minkowski starb früh (1909) und Hilbert widmete ihm eine Arbeit, die ein schon im 18. Jahrhundert von Waring formuliertes Problem löste: Zu jeder natürlichen Zahl $n$ gibt es eine nur von $n$ abhängige natürliche Zahl $Z(n)$, so daß sich $n$ als Summe von höchstens $Z(n)$ $n$-ten Potenzen darstellen läßt.

Im Wintersemester 1898/99 hielt Hilbert eine Vorlesung über die "Elemente der Geometrie"; das zugehörige Buch "Grundlagen der Geometrie" erschien schon 1899 aus Anlaß der Enthüllung des Gauß–Weber–Denkmals in Göttingen und ist seiner Bedeutung wegen bis in die Gegenwart neu aufgelegt worden. Dort wird auf axiomatischer Grundlage der Zugang zur Geometrie eröffnet; entscheidend sind – unter Verzicht auf jede Form der Anschauung – lediglich die durch Axiome fixierten Beziehungen zwischen nicht näher definierten Grundelementen der Geometrie.

Man übertrug dem schon weltweiten Ruhm genießenden Hilbert ein Hauptreferat auf dem Internationalen Mathematikerkongreß 1900 in Paris. In seinem Vortrag "Mathematische Probleme" vermochte Hilbert dreiundzwanzig Probleme herauszuarbeiten und zu formulieren, die er als Schlüsselprobleme der zukünftigen Mathematik verstand. Die weitere Entwicklung hat Hilbert im wesentlichen recht gegeben – ein erstaunliches Beispiel einer wissenschaftlichen Prognose. Unter den von Hilbert herausgehobenen Problemen befinden sich das Kontinuumsproblem, das Problem der Widerspruchsfreiheit der arithmetischen Axiome, die mathematische Behandlung der Axiome der Physik, Irrationalität und Transzendenz bestimmter Zahlen, Primzahlprobleme mit Einschluß der Riemannschen Vermutung, allgemeines Randwertproblem, Methoden der Variationsrechnung. Er selbst hat zur Lösung einiger dieser Problemgruppen beigetragen.

Zunächst konnte Hilbert den strengen Beweis des sog. Dirichletschen Prinzips erbringen, das während des 19. Jahrhunderts der Behandlung der Randwertaufgaben der Potentialtheorie zugrunde gelegt, aber durch berechtigte kritische Einwände von Weierstraß in Frage gestellt worden war. Der Hilbertsche Beweis sowie die sich anschließenden Untersuchungen beseitigten eine bedeutende innere Unsicherheit der höheren Analysis, trugen unmittelbar zum Ausbau der Methoden der Variationsrechnung bei und lieferten wesentliche Impulse zur Herausbildung der neuen mathematischen Disziplin der Funktionalanalysis. Bedacht auf Verdeutlichung der Tragweite seiner Methoden wandte sich Hilbert speziellen Randwertproblemen von gewöhnlichen Differentialgleichungen und Eigenwertproblemen partieller Differentialgleichungen zu. Unter anderem vermochte er ein schwieriges, schon von Riemann formuliertes Problem vollständig zu lösen, nämlich das der Existenz einer linearen Differentialgleichung mit vorgeschriebener Monodromiegruppe. Es ist dies das Problem Nr. XXI seines Pariser Vortrages.

In dieselbe Richtung der Durchbildung der Methoden der Mathematischen Physik wirkten Hilberts fundamentale Untersuchungen zur Theorie der Integralgleichungen, die um 1900 durch den schwedischen Mathematiker Fredholm eine erste systematische Behandlung erfahren hatte. Das danach in rascher Entwicklung befindliche Gebiet faßte Hilbert unter Einbeziehung seiner eigenen Ergebnisse in der auch heute noch lesenswerten Monographie "Grundzüge einer allgemeinen Theorie der linearen Integralgleichungen" (1912) zusammen. Schließlich erschien 1924 der erste Band des von Courant und Hilbert gemeinsam verfaßten Lehrbuches "Methoden der mathematischen Physik", nach welchem in den 20er und 30er Jahren viele theoretische Physiker in aller Welt ihr mathematisches Rüstzeug erworben haben und das bis heute ein Standardwerk geblieben ist.

Hatte sich Hilbert – trotz der Entdeckung der Antinomien der Mengenlehre – für Cantor und die Mengenlehre und gegen den Intuitionismus ausgesprochen, so wandte er sich Anfang der 20er Jahre verstärkt den Grundlagen der Mathematik zu. Das Kernproblem bestand in einer präziseren Bestimmung der seit der Antike verwendeten axiomatischen Methode und ihrer Reichweite. Es ging um den Aufbau einer Beweistheorie: Das mathematische Beweisen müsse selbst, so Hilbert, zum Gegenstand der Untersuchung gemacht werden.

An ein Axiomensystem zum Aufbau einer mathematischen Theorie ist – neben den Forderungen der Unabhängigkeit und Vollständigkeit – insbesondere die der Widerspruchsfreiheit zu stellen. Hilbert erkannte, daß die inhaltliche Widerspruchsfreiheit nur durch die Konstruktion eines Modells entschieden werden kann. (So liefert z.B. die Existenz eines Modells für einen Typ der nichteuklidischen Geometrie den Beweis für die Widerpruchsfreiheit der Axiome einer Geometrie, die auf die ersten vier euklidischen Axiome und ein fünftes, aber vom Parallelenpostulat abweichendes Axiom gegründet ist). Da aber nun die Elemente eines solchen mathematischen Modells ihrerseits mathematischer Art sind, reduziert sich die Widerspruchsfreiheit einer Theorie auf die einer anderen. Hilbert ersetzte darum die inhaltliche durch eine formale Widerspruchsfreiheit. Ein Axiomensystem ist nach Hilbert genau dann widerspruchsfrei, wenn es unmöglich ist, aus diesem Axiomensystem durch logische Schlüsse eine Aussage und zugleich deren Negation abzuleiten. Als notwendige, sinngemäße Ergänzung der Untersuchungen zur Axiomatik entwickelte Hilbert im Anschluß an Peano, Frege, Schröder und Russell den Logikkalkül weiter. Inhaltliches Schließen wird bei Hilbert durch eine Kette rein formaler Handlungen ersetzt, durch "Rechnen" nach festen Regeln mit inhaltlich nicht erklärten Zeichen. Für Hilbert ist damit die Mathematik zur allgemeinen Lehre von den Formalismen geworden. Zusammen mit seinem Schüler Ackermann hat Hilbert dann, 1828, das Lehrbuch "Grundzüge der theoretischen Logik" veröffentlicht.

Die weitere Entwicklung auf dem Gebiet der Grundlagen der Mathematik hat Hilbert nicht in allen Punkten recht gegeben. Seit den von Tarski (1936) und Gödel (1931) erzielten Ergebnissen wissen wir, daß aus der formalen im allgemeinen nicht die inhaltliche Widerspruchsfreiheit folgt und daß der Nachweis der Widerspruchsfreiheit einer axiomatisch aufgebauten Theorie stets kompliziertere Methoden erfordert, als aus der zu untersuchenden Theorie gefolgert werden kann. Auch die Mathematik ist keine "voraussetzungslose Wissenschaft", wie Hilbert gemeint hatte. Dessen ungeachtet ist die im Sinne von Hilbert präzisierte Axiomatik eine der wesentlichsten Methoden der Mathematik.

### 4.6.20   Emmy Noether

Noether, Emmy, geboren am 23. März 1882 in Erlangen, gestorben am 14. April 1935 in Bryn Mawr (USA, PA).

Obwohl der Vater, Max Noether, Professor der Mathematik in Erlangen war, fand Emmy erst spät zur Mathematik. Sie stieß zunächst nach einer Ausbildung als Lehrerin für Englisch und Französisch an die Grenzen des damaligen Bildungswesens. Das reguläre Hochschulstudium war für Frauen noch nicht möglich. Anfangs nur auf einem Umwege, als Hospitantin, konnte sie ab 1900 in Erlangen und Göttingen Vorlesungen über Mathematik besuchen. Erst 1904 erfolgte die regu-

läre Immatrikulation in Erlangen, wo sie 1908 promovierte. Auf Betreiben von Hilbert und Klein ging sie 1915 nach Göttingen; die Habilitation konnte trotz Intervention von Hilbert erst 1919 erfolgen, nachdem die Gesetzgebung des Deutschen Kaiserreiches aufgehoben war. Hilbert erlangte für Emmy Noether

1922 eine Berufung zum a.o. Professor (ohne Gehalt) und 1923 einen Lehrauftrag mit einem geringen Einkommen. Im Winter 1928/29 folgte sie einer Einladung zu einer Gastprofessur nach Moskau; 1930 war sie Gastprofessor in Frankfurt/M. Nach dem Machtantritt der Nationalsozialisten in Deutschland verlor Emmy Noether ihr Lehramt aus rassistischen und politischen Gründen und ging 1933 an die Frauenhochschule in Bryn Mawr (USA), wo sie 1934 eine feste Anstellung erlangte und alsbald eine mathematische Schule um sich zu bilden begann. Ganz unvermutet starb sie an den Folgen einer Operation.

In späteren Jahren hat Emmy Noether ihre invariantentheoretischen Arbeiten, darunter ihre Dissertation, aus ihrer Anfangsperiode verworfen, gerade, weil sie mit ihren Arbeiten zur Idealtheorie (Anfang der 20er Jahre) und zur kommutativen Algebra (seit Ende der 20er Jahre) das Studium abstrakter algebraischer Strukturen (Ring, Modul, Ideal, hyperkomplexes System, Körper) zum zentralen Leitgedanken gemacht hatte. Von ihren grundlegenden Arbeiten seien genannt "Idealtheorie in Ringbereichen" (1921), "Abstrakter Aufbau der Idealtheorie in algebraischen Zahl- und Funktionenkörpern" (1925) und der große Bericht "Hyperkomplexe Systeme in ihren Beziehungen zur kommutativen Algebra und zur Zahlentheorie", den sie 1932 auf dem Internationalen Mathematikerkongreß in Zürich vortrug. Emmy Noether war zweifellos die bedeutendste Mathematikerin des 20. Jahrhunderts. Ihr Einfluß beruhte nicht nur auf ihren gedruckten Arbeiten, sondern auch auf der Vielzahl von Schülern, denen sie uneigennützig zur Seite stand, vor allem aber auf der Tragweite ihrer Methoden und Denkweisen.

## 4.6.21    Bartel Leendert van der Waerden

Van der Waerden, Bartel Leendert, geboren am 2. Februar 1903 in Amsterdam, gestorben am 12. Januar 1996 in Zürich.

Schon als Schüler zeigte er seine Begabung, indem er für sich selbst die Gesetze der Trigonometrie entwickelte.

Nach dem Mathematikstudium an den Universitäten in Amsterdam und Göttingen promovierte er 1926 in seiner Heimatstadt als Schüler von Hendrik de Vries über die Grundlagen der Algebraischen Geometrie. Zu seinen bedeutendsten Lehrern gehörten die berühmten Mathematiker Courant, Kneser, Artin und Noether.

1927 habilitierte er sich in Göttingen, das zu seiner Zeit als das Zentrum der mathematischen Forschung galt. 1927/28 blieb er der Universität als Assistent und Privatdozent treu und folgte Anfang 1928 einem Ruf nach Rostock. Bereits im Mai des gleichen Jahres wurde er als Ordinarius für Mathematik nach Groningen berufen. Im darauffolgenden Jahr heiratete er Camilla Rellich, die Schwester des bekannten Mathematikers F. Rellich in Göttingen. Von Mai 1931–1945 wirkte er als Ordentlicher Professor an der Philosophischen Fakultät der Universität Leipzig, wo er gleichzeitig zum Mitdirektor des Mathematischen Seminars und des Mathematischen Instituts bestellt war. An dieser Universität wirkten zur gleichen Zeit der berühmte Physiker Werner Heisenberg, der Mitbegründer der Quantentheorie und van der Waerdens Landsmann Peter Debye.

Kurz nach Kriegsende war er für Shell in Amsterdam in der wissenschaftlichen Abteilung tätig und ging 1947 für kurze Zeit als Gastprofessor an die John–Hopkins Universität in Baltimore (USA).

1948 kehrte er nach Europa zurück und nahm bis 1951 eine Professur an der Universität Amsterdam wahr.

1951 schließlich wurde er als Nachfolger des verstorbenen Professors Rudolf Fueter an die Universität Zürich berufen, wo er bis an sein Lebensende wirkte.

Seine wissenschaftliche Tätigkeit umfaßte fast alle Gebiete der Mathematik und der ihr verwandten Gebiete. Dazu gehören die abstrakte Algebra,

Algebraische Geometrie, Gruppentheorie, Zahlentheorie, Topologie, Axiomatische Geometrie, Kombinatorik, Analysis, Mathematische Statistik wie auch die Quantenmechanik. Außerdem widmete er sich mit großem Engagement der Geschichte der Mathematik, der modernen Physik und Astronomie sowie auch der Geschichte der antiken Naturwissenschaften und der Philosophie.

Für diejenigen, die sich seit 1930 dem Studium der Mathematik zuwandten, galt und gilt das zweibändige Werk "Moderne Algebra" von van der Waerden, später "Algebra" benannt, als Fundament. Es vermittelt die abstrakte Algebra wie sie auf Dedekind, Hilbert, Artin und Noether zurückgeht.

Als Schwerpunkt seiner Arbeit gelten die Ergebnisse auf dem Gebiet der Algebraischen Geometrie, hat er es doch ermöglicht, die unscharfen geometrischen Begriffsbildungen durch algebraische Methoden scharf festzulegen. Insbesondere gelang es ihm, den von den italienischen Geometern des 19. Jahrhunderts gebrauchten Begriff des allgemeinen Punktes (puncto generico) auf einer algebraischen Mannigfaltigkeit algebraisch genau zu fassen.

In seinem großartigen Werk über die Geschichte der Mathematik "Erwachende Wissenschaft" (Birkhäuser Verlag, 1956, Originalausgabe auf Holländisch 1950) setzt er Maßstäbe für mathematikhistorische Publikationen. Sein legendärer Spruch in der Einführung "Glaubt mir nichts, prüft alles nach!" besagt, daß man sich nicht immer auf die Aussagen früherer Forscher verlassen sollte, seien es Übersetzungen oder Kommentare. Vielmehr sollte man bestrebt sein, durch Quellenstudium diese Übermittlungen zu überprüfen.

In demselben Werk, eine Seite weiter, stellt van der Waerden die Frage "Was ist neu in diesem Buch?" und gibt die Antwort in Form einer Übersicht. Durch deren Gebrauch gelangt der Leser zielgerichtet auf die Grundlagen der neuen Erkenntnisse, seien sie durch Studien von Originalquellen oder neue Kommentierungen erlangt.

Da van der Waerden historische Entwicklungen aus dem Blickwinkel des Mathematikers betrachtete, konnte er manche Ergebnisse erzielen und exakt beschreiben, die den auf diesem Gebiet forschenden Philologen, Philosophen oder Orientalisten vor ihm entgangen sind.

Van der Waerdens Schaffen konzentrierte sich jedoch nicht ausschließlich auf wissenschaftliche Forschung. So hielt er in Zürich regelmäßig Veranstaltungen für Naturwissenschaftler und Sekundarlehrer ab, durch die mathematisch exaktes Denken für eine große Bevölkerungeschicht bis in die Sekundarschule hinein gefördert wurde.

Van der Waerden hinterließ mehr als 200 wissenschaftliche Publikationen und zahlreiche Bücher. Er war Herausgeber der mathematisch–naturwissenschaftlichen Publikationen der nicht nur den Mathematikstudenten bekannten gelben Sammlung "Grundlehren der mathematischen Wissenschaften" sowie der

Zeitschriften "Archive for History of Exact Sciences" und "Mathematische Annalen".

Van der Waerden war einer der wenigen herausragenden Mathematiker vom Ende des 20. Jahrhunderts mit einem umfassenden Wissen über die gesamten Teilgebiete dieses Faches. Wieviele Gelehrte noch beherrschen alle Gebiete der Mathematik in vergleichbarer Weise und können ihr Wissen in so vielfältiger Weise einer breiten wissenschaftlichen Öffentlichkeit nutzbringend erschließen?

# 4.7 Anhang: Alphabetische Liste der Biographien

# Literaturangaben zu den Biographien

[1]　Dictionary of Scientific Biography. Ed. C.C. Gillispie. 15+2 Bände. New York 1970–1978

[2]　Biographien bedeutender Mathematiker. Ed. H. Wußing / W. Arnold. 4. ergänzte und bearbeitete Auflage. Berlin 1989

[3]　Lexikon bedeutender Mathematiker. Ed. S. Gottwald / H.–J. Ilgauds / K.–H. Schlote. Leipzig

[4]　fachlexikon forscher und erfinder. Ed. H. Wußing / H. Dietrich / W. Purkert / D. Tutzke. Thun / Frankfurt am Main 1992

[5]　J.C. Poggendorff: Biographisch–litterarisches Wörterbuch zur Geschichte der exacten Wissenschaften. Band 1 und 2, Leipzig 1863, ab Band 3 verschiedene Herausgeber, ab Band 7 (1956–1992) herausgegeben von der Sächsischen Akademie der Wissenschaften zu Leipzig.